KAZUO INAMORI

DER KOMPASS FÜR DAS LEBEN

生き方 DER KOMPASS FÜR DAS LEBEN

Mit Leidenschaft und Spiritualität zu einem Leben mit außerordentlichem Erfolg

KAZUO INAMORI 稲盛和夫

Bibliografische Information der Deutschen Nationalbibliothek
Die Deutsche Nationalbibliothek verzeichnet diese Publikation in der Deutschen Nationalbibliografie. Detaillierte bibliografische Daten sind im Internet über http://dnb.d-nb.de abrufbar.

Für Fragen und Anregungen
info@finanzbuchverlag.de

1. Auflage 2020
© 2020 by Finanzbuch Verlag, ein Imprint der Münchner Verlagsgruppe GmbH
Nymphenburger Straße 86
D-80636 München
Tel.: 089 651285-0
Fax: 089 652096

Originally published in Japan as *IKIKATA* by Sunmark Publishing, Inc., Tokyo, in 2004. Copyright © 2004 KYOCERA Corporation. German translation rights arranged with Sunmark Publishing, Inc. through InterRights, Inc., Tokyo, Japan, Gudovitz & Company Literary Agency, New York, USA and Thomas Schlück GmbH, Hannover, Germany.

Alle Rechte, insbesondere das Recht der Vervielfältigung und Verbreitung sowie der Übersetzung, vorbehalten. Kein Teil des Werkes darf in irgendeiner Form (durch Fotokopie, Mikrofilm oder ein anderes Verfahren) ohne schriftliche Genehmigung des Verlages reproduziert oder unter Verwendung elektronischer Systeme gespeichert, verarbeitet, vervielfältigt oder verbreitet werden.

Übersetzung: Martin Bayer
Redaktion: Annett Stütze
Korrektorat: Matthias Höhne
Umschlaggestaltung: in Anlehnung an das Cover der japanischen Originalausgabe, Laura Osswald, München
Illustrationen Innenteil: Shutterstock/languste
Satz: Carsten Klein, Torgau
Druck: CPI books GmbH, Leck
Printed in Germany

ISBN Print 978-3-95972-292-6
ISBN E-Book (PDF) 978-3-96092-542-2
ISBN E-Book (EPUB, Mobi) 978-3-96092-543-9

Weitere Informationen zum Verlag finden Sie unter

www.finanzbuchverlag.de

Beachten Sie auch unsere weiteren Verlage unter www.m-vg.de

INHALT

EINFÜHRUNG ZUR DEUTSCHEN AUSGABE   9

EINFÜHRUNG ZUR ENGLISCHEN AUSGABE
AUS DEM JAHR 2009   13

PROLOG   17

  Der Sinn des Lebens – neu bewertet in einem
  chaotischen Zeitalter.   17

    Der Sinn des Lebens ist die Verfeinerung der Seele.   18

    Einfache Prinzipien als unerschütterliche Leitlinien   20

    Die Wahrheit des Lebens durch harte Arbeit erkennen.   23

    Ändern Sie Ihr Denken und verwandeln Sie Ihr Leben   25

    Was wir denken, wird Wirklichkeit: das Gesetz
    des Universums   27

    Ein unerschöpflicher Schatz der Weisheit.   31

    Üben Sie ständige Selbstdisziplin, um dem Königsweg
    zu folgen   32

DER KOMPASS FÜR DAS LEBEN   35

  Kapitel 1: Unsere Wünsche verwirklichen   37

    Man bekommt nur das, worum man bittet.   37

    Sie müssen sich Tag und Nacht leidenschaftlich
    auf Ihr Ziel konzentrieren   39

    Stellen Sie sich die Verwirklichung Ihrer Ziele in Farbe
    und 3-D vor.   41

    Träume werden wahr, wenn man sich jede Einzelheit
    vorstellt   44

Erfolg erfordert Sorgfalt in Bemühen und Vorbereitung..... 46
Aus Krankheiten lernen 48
Das Schicksal hängt von der Einstellung ab 50
Wenn man nie aufgibt, ist der Erfolg garantiert 53
Wiederholtes Bemühen macht das Gewöhnliche
außergewöhnlich 56
Tägliche Innovationen bewirken dramatische Fortschritte ... 59
Auf die Stimme Gottes hören......................... 61
Freiwillig immerwährend aufmerksam 64
Ehrgeizige Träume führen zum Erfolg im Leben........... 67

Kapitel 2: In Wahrheiten und Prinzipien denken 71

Einfache Wahrheiten und Prinzipien sind die besten 71
Eine Lebensphilosophie als Richtschnur................. 73
Stehen Sie zu Ihren Prinzipien, ohne auf Trends zu achten ... 76
Wissen allein genügt nicht: Lebe nach deiner Philosophie ... 79
Der Vektor der Einstellung bestimmt die Richtung
des Lebens 81
Die Produktion des Dramas namens Leben 83
Ohne Fleiß kein Preis................................ 84
Ernsthaft im gegenwärtigen Augenblick leben 87
Sich selbst entflammen, indem man lernt, seine Arbeit
zu lieben... 89
Selbstüberwindung, um das Leben zu verändern 91
Komplexe Probleme entwirren, um klar zu sehen.......... 94
Einfaches Denken selbst in internationalen Problemen
und Konflikten...................................... 96
Vernunft ist wichtiger als die übliche Praxis
bei internationalen Verhandlungen.................... 100

Kapitel 3: Den Geist erheben und verfeinern 105
  In Leitungspositionen ist Tugend wichtiger als Talent. 107
  Tägliches Nachdenken und Charakterverfeinerung üben 110
  Sechs *shojin* zur Verfeinerung der Seele. 112
  Dankbarkeit vom verborgenen Buddha lernen 114
  Bereit sein, in jeder Lage Anerkennung auszudrücken 117
  Offener Geist und freudiges Herz. 118
  Eine buddhistische Fabel über menschliche Gier 121
  Sich von den *Drei Giften* lösen 123
  Das Schwert der Rechtschaffenheit führt zum Erfolg 125
  Arbeit bringt die meiste Freude 128
  Die *Sechs Vollkommenheiten* 129
  Durch tägliche Arbeit das Bewusstsein verfeinern. 131
  Die Bedeutung der Arbeit; durch Fleiß seinen Stolz
  zurückgewinnen. 133

Kapitel 4: In einer Haltung selbstlosen Dienens leben. 137
  Begegnung mit dem Mitgefühl 137
  Ihre Einstellung kann die Hölle in ein Paradies verwandeln . . 140
  Anderen zu nützen ist der Anfangspunkt des Geschäfts 142
  Selbstlosigkeit erweitert den Blickwinkel 144
  Selbstlosigkeit als Motiv zur Firmengründung 146
  Bereit sein, um anderer willen Verluste hinzunehmen. 148
  Unternehmensprofite sind ein Treuhandvermögen,
  das man zum Nutzen der Gesellschaft einsetzen sollte 150
  Das Land braucht eine auf Tugend gegründete Politik 153
  Haben wir grundlegende Tugenden vergessen? 155
  Die Erziehung muss zur moralischen Charakterbildung
  werden. 157

Aus Fehlern der Vergangenheit lernen; ein neues Japan
aufbauen 160

Zufriedenheit aus den Naturgesetzen lernen.............. 162

Wenn die Menschheit erwacht, wird eine Zivilisation
der Selbstlosigkeit erblühen 164

Kapitel 5: Sich auf den Fluss des Universums einstellen.... 167

Zwei unsichtbare Mächte, die unser Leben beherrschen 167

Das Gesetz von Ursache und Wirkung verstehen
und sein Schicksal verändern 169

Ursache und Wirkung gleichen einander aus 172

Das Universum fördert unaufhörlich das Wachstum
aller Dinge... 175

Eine große Kraft haucht allen Dingen Leben ein 178

Die Entscheidung, buddhistischer Priester zu werden....... 181

Unvollkommenheit ist normal; das Bemühen zählt 183

Die Schönheit des wahren Ich 186

Wenn das Schicksal zuschlägt, freue man sich,
denn das Karma ist ausgelöscht 188

Anstatt Erleuchtung zu suchen, setzt man Vernunft und
Bewusstsein ein, um den Geist zu verfeinern 189

Selbst das kleinste Ding spielt eine Rolle 192

Dem Ideal nachzueifern führt in eine strahlende Zukunft ... 194

NACHWORT 197

ÜBER DEN AUTOR 199

EINFÜHRUNG ZUR DEUTSCHEN AUSGABE

Seit der Veröffentlichung von *Erfolg aus Leidenschaft* im Jahr 1996 ist dies nun das zweite meiner Bücher, das in Deutschland auf den Markt kommt. Allerdings sind die Beziehungen zwischen Kyocera, der Firma, die ich damals ohne einen Pfennig gründete, und die sich bis heute zu einem Umsatz von 1,6 Billionen entwickelt hat, und Deutschland sehr viel tiefer als man meinen könnte.

1971 gründete Kyocera mit dem großen deutschen Papierhersteller Feldmühle ein Joint Venture. Das Ziel war, durch die Kombination der Technologien beider Firmen nicht nur Keramik für die Elektronikindustrie, sondern auch Keramik für die Papier- und die Elektrikindustrie für den europäischen Markt zu entwickeln. Dieses Joint Venture hat während der Entwicklungszeit als Geschäftsstützpunkt in Europa einen großen Beitrag geleistet.

1984 begannen wir vom deutschen Silikonhersteller Wacker Chemie Technologien einzuführen und polykristalline Siliziumwafer selbst herzustellen. Dies trug zur stärkeren Verbreitung der Solarzellen bei und führte dazu, dass Kyocera lange Zeit Weltmarktführer auf diesem Gebiet war.

1988 wurde, durch die Aufteilung der Welt in vier Wirtschaftsblöcke, für den europäischen Markt die Europazentrale als Dachgesellschaft in Düsseldorf eingerichtet. Diese Dachgesellschaft übernahm die Funktion der Hauptniederlassung in Europa und trug viel dazu bei, dass Kyocera entsprechend der Gegebenheiten vor Ort schneller Entscheidungen treffen und sich als Global Player positionieren konnte.

So spielte Deutschland in der Entwicklung von Kyocera eine sehr große Rolle und dafür bin ich von tiefstem Herzen dankbar. Doch meine Gefühle für Deutschland beschränken sich nicht nur darauf.

Ich bin ursprünglich Ingenieur, der dann ins Management wechselte, und als solcher habe ich schon immer die kreativen und hochentwickelten Technologien, sowie die Anzahl der qualitativ hochwertigen Produkte bewundert. Gleichzeitig verehre ich die Haltung der Deutschen dem Leben gegenüber sehr.

Wie in dem Ausdruck »der Teufel steckt im Detail« so gut beschrieben wird, haben sich die konzentrierte Arbeitsweise und die aufrichtige Lebensweise der Deutschen im Laufe der langen Geschichte herausgebildet und führten meiner Ansicht nach zu dem Ergebnis von hoch entwickelten Technologien und qualitativ hochwertigen Produkten. Mit anderen Worten, spiegeln diese nichts anderes wider, als sich reinen Herzens ihrer Arbeit widmende Menschen.

In diesem nun zum ersten Mal in Deutschland erscheinenden Buch *Der Kompass für das Leben* habe ich deutlich meine Ansichten, wie Menschen wohl leben sollten, dargelegt. Ich begreife das Leben als eine Zeit, in der wir unsere eigene Seele polieren, mittels täglichem Rückblick den Geist schärfen, und niemals aufhören sollten, andere zu unterstützen. Und genau dies ist mein Menschenbild, das ich hier detailliert beschrieben habe.

EINFÜHRUNG ZUR DEUTSCHEN AUSGABE

Ich schätze mich glücklich, dass dieses Buch *Der Kompass für das Leben* seit seinem Erscheinen in Japan im Jahr 2004 immer wieder aufgelegt wurde und bis heute allein in Japan mehr als 1,3 Millionen Exemplare verkauft wurden. Es wurde in 15 Sprachen übersetzt und weltweit weit mehr als 5 Millionen Mal verkauft, hauptsächlich in der Ausgabe in Chinesisch in vereinfachten Zeichen.

Dass nun auch die Deutschen, die bereits ein rechtschaffenes Leben führen, dieses Buch lesen können, erfüllt mich mit größter Freude. Ich hoffe, dass es möglichst viele Menschen erreichen möge, um ein bisschen dazu beizutragen, ein noch reichhaltigeres, noch glücklicheres Leben zu verwirklichen.

6. August 2019

Kazuo Inamori
Ehrenpräsident von Kyocera

EINFÜHRUNG ZUR ENGLISCHEN AUSGABE AUS DEM JAHR 2009

Ich freue mich, dass *Der Kompass für das Leben* jetzt auch auf Englisch herauskommt. Dieses Buch erkundet, wie man als Mensch denken und leben sollte. Ich hoffe ernsthaft, dass die darin formulierte Philosophie die Schranken von Völkern, Sprachen, Kulturen und Religionen überwinden kann und sich auf einer universellen Ebene mitteilt.

Die japanische Fassung des vorliegenden Buchs ist seit ihrer Veröffentlichung mit über 600 000 verkauften Exemplaren zum Bestseller geworden. Auch in China, Taiwan und Korea sowie in Russland und Litauen ist das Buch herausgekommen. Spanische und portugiesische Fassungen sind in Arbeit. Die Briefe, in denen Leser aus anderen Ländern mir ihre Zustimmung zu meiner Philosophie ausdrücken, sind ein klares Anzeichen dafür, dass die hier vorgetragene Sichtweise auch für andere Kulturen, nicht nur für Japan, relevant ist.

Ich habe das große Glück gehabt, zwei erfolgreiche Firmen zu gründen – Kyocera und KDDI –, die beide unter den Fortune 500 gelistet sind. Während der sieben Jahrzehnte meines Lebens bin ich zu der Überzeugung gelangt, dass der menschliche Geist nicht nur das Leben des Einzelnen verändern, sondern

EINFÜHRUNG ZUR ENGLISCHEN AUSGABE AUS DEM JAHR 2009

auch weitgehende und signifikante Auswirkungen auf die Gesellschaft haben kann.

Meiner Meinung nach werden die gegenwärtigen Probleme der Menschheit, etwa Umweltzerstörung, Terrorismus und internationale Konflikte, durch böse Gedanken verursacht, die der einzelne Mensch in seinem Geist hegt. Mit bösen Gedanken meine ich die selbstsüchtige, schrankenlose Gier, die als Triebkraft hinter dem beunruhigenden Irrweg steht, den die heutige Zivilisation eingeschlagen hat.

Diese moderne Zivilisation hat sich nach dem Beginn der industriellen Revolution vor etwa 250 Jahren rasch entwickelt. Sie entstand zwar teilweise durch den Forscherdrang des Menschen und seine Suche nach der Wahrheit, wurde aber durch unersättliche Gier und Egoismus getrieben: das Streben des Menschen nach Reichtum. Angetrieben von ihrer Gier, meisterte die Menschheit Weisheit und fortgeschrittene wissenschaftliche Technik und entwickelte die Wirtschaft weiter. Jetzt stehen wir den Folgen dieses Dranges nach Überfluss gegenüber: Umweltzerstörung, erschöpfte Energiequellen, Terrorismus und Kriege.

Trotz dieser negativen Auswirkungen ihres Handelns streben die Menschen nach immer mehr Reichtum und verbringen ihr Leben im verzweifelten Bemühen um die Erfüllung all ihrer Triebe und Wünsche. Können wir so weitermachen? Ich glaube nicht. Wenn die Menschheit überleben soll, müssen wir den menschlichen Geist verändern, die Triebkraft der Zivilisation, und eine andere Einstellung als Grundlage unserer Lebensweise finden.

Die Finanzkrise, die 2008 durch den Kollaps von Subprime-Krediten in den USA ausgelöst wurde, breitete sich über die gesamte Welt aus. Die Finanzmärkte stürzten ins Chaos, und das hatte ernsthafte Auswirkungen für die gesamte Weltwirtschaft. Die unmittelbare Ursache bestand zwar in schwerem Missmanagement von Finanzderivatprodukten, aber die zugrunde liegende Ursache war der rücksichtslose Drang des Kapitalismus nach Profitmaximierung – nach der Befriedigung der Gier also. In diesem Sinn ist die gegenwärtige Finanzkrise so etwas wie eine Warnung des Himmels an die Menschheit.

Es wird Zeit, dass wir uns ernsthaft damit befassen, wie wir auf diesem Planeten koexistieren können, indem wir unsere Lebensweise nicht auf Wirtschaftswachstum gründen, das von egoistischem Begehren getrieben wird, sondern auf Rücksichtnahme, Liebe, Zuneigung und Altruismus. Das vorliegende Buch beruht auf dieser Philosophie. Ich hege die brennende Hoffnung, dass es die Herzen vieler Leser erreichen und ihnen helfen möge, ein sinnvolleres Leben zu führen und zu einer besseren Welt beizutragen.

Geschrieben in Kyoto, der alten Hauptstadt Japans, an einem Apriltag 2009, in einem Schneesturm aus Kirschblütenblättern.

Kazuo Inamori
Ehrenvorsitzender der Kyocera Corporation

PROLOG

Der Sinn des Lebens – neu bewertet in einem chaotischen Zeitalter

Wir leben in einem Zeitalter der Angst und zunehmenden Verwirrung, die uns den Blick nach vorne genommen haben. Wir sind wohlhabend, aber unerfüllt; mit materiellen Annehmlichkeiten gesegnet, aber ohne Tugenden; obwohl äußerlich frei, fühlen wir uns gefangen. Wenn wir den Willen aufbringen und uns anstrengen, ist alles möglich, und wir können alles erreichen; dennoch fühlen wir uns machtlos und pessimistisch, und manche von uns sinken vielleicht bis in Verbrechen und Unmoral ab.

Wie sind wir in diese Sackgasse geraten? Liegt es daran, dass so viele keinen Sinn in ihrem Leben finden und es ihnen nichts mehr bedeutet, weil wir den inneren Kompass verloren haben, der uns durch das Leben leitet? Ich glaube, dass die Antwort darauf ja lautet und dass die gegenwärtige Verwirrung in der Gesellschaft auf das Fehlen einer konstruktiven Lebensphilosophie zurückzuführen ist. Der erste Schritt, den wir heute tun können, besteht darin, uns dieser grundlegenden Frage zu stellen – was ist der Zweck des Lebens? – und eine Philosophie zu entwickeln, ein

System von Glaubens- oder Grundsätzen, die uns als Leitlinien im Leben dienen.

Herauszufinden, wozu wir am Leben sind, mag so sinnlos erscheinen, wie in der Wüste nach Wasser zu graben, oder so schwierig, wie einen reißenden Fluss einzudämmen, aber diese einfache Übung wird durch die allgemeine Neigung, jede ernsthafte Anstrengung zu belächeln, nur umso wichtiger. Wenn wir dem Nachdenken über den Zweck des Lebens aus dem Weg gehen, während sich das Chaos in der Gesellschaft ausbreitet, nimmt unsere Verwirrung zu, und die Zukunft wird immer unsicherer. Ich glaube, dass viele Menschen mein Gefühl der Dringlichkeit in dieser Sache teilen.

Ich möchte in diesem Buch nicht nur untersuchen, was es heißt, ein Mensch zu sein, sondern auch, wozu wir leben und wie man richtig lebt. Meine Hoffnung ist, dass die Philosophie, die ich im Folgenden vorstelle, wenigstens einen bescheidenen Pflock in den reißenden Strom der Zeit treiben wird. Es wäre für mich eine tiefe Befriedigung, wenn meine Worte Ihnen helfen könnten, dem Leben Freude abzugewinnen, und Sie zu einem glücklichen und erfüllten Leben führen könnten.

Der Sinn des Lebens ist die Verfeinerung der Seele

Was ist also der Sinn oder Zweck des Lebens? Meiner Meinung nach nichts weniger, als den Geist zu erheben und die Seele zu verfeinern.

Es liegt in der Natur des Menschen, sich von egoistischen Begierden ablenken zu lassen. Auf uns selbst gestellt würden wir beständig nach Reichtum, Status und Ruhm gieren und uns in hedonistischen Vergnügungen verlieren. Natürlich müssen wir genug Geld für ein bequemes Leben verdienen, und wir dürfen den Drang nach Erfolg nicht bedingungslos verdammen, da er uns das notwendige Durchhaltevermögen im Leben verleiht.

Allerdings ist all das auf die diesseitige Welt beschränkt. Wie viel wir auch an Reichtümern ansammeln, wir können sie nicht mitnehmen, wenn wir sterben. Am Ende müssen wir hier alle unsere Konten schließen. Alles, was uns bleibt, ist die Seele. Außer ihr können wir nichts auf die neue Reise mitnehmen, die beginnt, wenn der Tod uns all den Status, Ruhm und Reichtum nimmt, den wir in dieser Welt gesammelt haben.

Wenn Sie mich fragten, »Was wollen Sie in dieser Welt erreichen?«, so würde ich ohne zu zögern antworten, ich wolle ein besserer Mensch werden, als ich es bei meiner Geburt war. Dass ich mit einer edleren und reineren Seele sterben wolle als derjenigen, mit der ich geboren wurde, wie geringfügig auch immer die Verbesserung ausfallen mag. Das ist für mich der einzige Zweck des Lebens: Ganz in der diesseitigen Welt zu leben, alle ihre Freuden und Sorgen auszukosten, von den Wellen des Glücks und Pechs umspült zu werden und meine Zeit auf Erden als feinen Schmirgelsand zu nutzen, der mein Wesen als Mensch verfeinert und meinen Geist kultiviert, um diese Welt mit einer Seele zu verlassen, die eine höhere Ebene erreicht hat. Dieses ständige Streben, jeden Tag besser als den vorigen zu machen, diese einfache Suche nach der Wahrheit ist der wahre Zweck und Wert des Lebens.

Es stimmt zwar, dass das Leben oft mehr Schmerz als Freude bringt. Manchmal mögen wir uns fragen, warum wir so sehr leiden, und Gott oder Buddha Vorwürfe machen, aber eben weil wir in einer Welt des Leidens leben, können wir Nutzen daraus ziehen und den Schmerz als Prüfung der Seele betrachten, der ihrer Entwicklung dient. Leiden ist die beste Chance, unser wahres Wesen herauszuarbeiten. Wer Prüfungen als Chancen sehen kann, nimmt seine begrenzte Zeit hier auf Erden wirklich in Besitz. Das Leben ist die Zeit, die wir erhalten, um unseren Geist zu verfeinern und unsere Seele zu kultivieren, und den Zweck und den Wert des Lebens finden wir im Vorgang des Lebens selbst.

Einfache Prinzipien als unerschütterliche Leitlinien

Unsere Einstellung zum Leben wirkt sich unmittelbar auf uns aus. Sie läutert oder verunreinigt unsere Seelen, veredelt oder erniedrigt unseren Geist. Viele talentierte Menschen geraten im Leben auf Irrwege, weil ihre moralischen Maßstäbe nicht ebenso ausgeprägt sind wie ihre Fähigkeiten. Das gilt besonders in der Geschäftswelt. Hier kommt es häufig zu Betrügereien um des persönlichen Gewinns willen. Die Täter haben häufig Talent als Geschäftsleute, aber ihr Verhalten ist nicht leicht zu erklären. Vielleicht überschätzen sie sich gerade deshalb, weil sie um ihr Talent wissen, und schlagen daher den falschen Weg ein. Durch den Einsatz ihres Talents haben sie anfänglich Erfolg, aber sowie sie sich nur noch auf ihre Intelligenz verlassen, wird ihr Scheitern unvermeidlich.

Je außergewöhnlicher Ihre Begabung, desto mehr brauchen Sie einen Kompass, der Ihnen die Richtung weist. Stellen Sie sich diesen Leitkompass als Ihre Philosophie vor. Wenn Sie keine Philosophie haben und Ihr Charakter nicht gereift ist, wenn Sie Talent ohne Tugend haben, können Sie die Richtung nicht alleine finden, so begabt Sie auch sein mögen. Das gilt für jeden, nicht nur für Manager.

Ich habe eine einfache Formel für den Charakter: Persönlichkeit + Philosophie = Charakter. Unser Charakter, der das Edle an unserer Seele darstellt, besteht aus jener Philosophie, die uns angeboren ist, und aus derjenigen, die wir im Lauf des Lebens erwerben. Die Philosophie, auf der wir unser Leben gründen, bestimmt unseren Charakter. Wenn sie nicht tief verwurzelt ist, kann der Baum unseres Charakters nicht gerade und kräftig wachsen. Wir müssen nach jenen einfachen, grundlegenden Prinzipien leben, die uns lehren, das Richtige vom Falschen zu unterscheiden. Prinzipien, die uns von alters her von einer Generation auf die nächste als die ethischen und moralischen Grundsätze der Menschheit weitergegeben werden.

Als ich mit 27 Jahren die Kyocera Corporation gründete, hatte ich Hilfe von vielen Beteiligten, aber kaum Erfahrung als Manager und nur eine vage Vorstellung, wie man erfolgreich ein Unternehmen leitet. Weil ich nicht wusste, wie ich als Geschäftsmann vorgehen sollte, handelte ich einfach so, wie es mir als Mensch richtig vorkam. Nicht lügen; niemandem schaden; nicht gierig oder selbstsüchtig handeln – ich griff diese einfachen Rezepte auf, die wir von unseren Eltern und Lehrern lernen, aber nur zu oft vergessen, wenn wir älter werden, und wandte sie direkt auf das Geschäft an, indem ich sie zu meinen Entscheidungskriterien machte. Ich wusste, wie gesagt, nur wenig über unternehmerisches Handeln, war aber überzeugt, dass man nicht erfolgreich sein kann, wenn man allgemein akzeptierte moralische Werte über den Haufen wirft.

PROLOG

Das war ein sehr einfacher Wertmaßstab, aber genau deshalb war er sinnvoll, und ich konnte unsere Firma auf dem richtigen Kurs halten. Die Ergebnisse waren ausgezeichnet. Wer den Schlüssel zum Erfolg sucht, hat ihn hier schon gefunden: Mir fehlte es zwar an Talent, aber ich folgte dem einfachen und dennoch wirkungsvollen Grundsatz, so zu handeln, wie es mir als Mensch richtig erschien. Das ist meine wichtigste Leitlinie im Leben, und ich ermahne mich ständig selbst, ihr zu folgen, indem ich mich frage: Ist diese Entscheidung mit dem, was ich als Mensch für richtig halte, vereinbar? Entspricht sie den grundlegendsten ethischen und moralischen Prinzipien?

Vielen Menschen in Japan erscheint die Vorstellung, Ethik oder Moral als Grundsätze im Leben anzuwenden, veraltet. Während des Zweiten Weltkriegs wurde die moralische Erziehung in Japan missbraucht, um die Menschen zu manipulieren, und als Reaktion darauf ist es heute schon tabu, moralische Werte auch nur zu erwähnen. Aber diese moralischen Werte waren schließlich die Frucht einer allgemeinen menschlichen Weisheit und eine Grundlage für das Verhalten im täglichen Leben. Die Menschen im heutigen Japan haben einen Großteil der Weisheit vergangener Generationen verworfen, weil sie diese für veraltet halten, und in ihrem Streben nach Bequemlichkeit haben sie viel Wesentliches verloren, darunter auch Ethik und Moral.

Ich bin der Überzeugung, dass wir aufgerufen sind, zu diesen grundlegenden Prinzipien zurückzukehren und gemäß ihnen zu leben. Ich finde, es ist Zeit, dieses wertvolle Wissen zurückzugewinnen.

Die Wahrheit des Lebens durch harte Arbeit erkennen

Wie also geht man es an, den Charakter aufzubauen und die Seele zu verfeinern? Muss man dazu spezielle Übungen durchführen, sich in die Berge zurückziehen oder unter einen Wasserfall stellen? Die Antwort ist nein. Im Gegenteil, der Schlüssel liegt darin, jeden Tag in der materiellen Welt sein Bestes zu geben.

Wie wir später in diesem Buch noch sehen werden, hat Buddha die Wichtigkeit des *shojin* – der Einstellung, sich bei allem, was man tut, ehrlich Mühe zu geben – für das Erreichen der Erleuchtung gelehrt. Immer sein Bestes zu geben, sich vollständig auf die anstehende Aufgabe zu konzentrieren, ohne sich ablenken zu lassen – das ist *shojin*. Die vorherrschende Einstellung ist aber, dass man nur arbeite, um Geld zu verdienen, dass Arbeit nur ein notwendiges Übel sei. Und das Ideal lautet, so wenig wie möglich für so viel Geld wie möglich zu arbeiten, um den Rest der Zeit dann mit anderen Interessen oder Vergnügungen zu verbringen. Dies zu erreichen, ist für manche das Herzstück eines wohlhabenden Lebensstils.

Doch dass wir arbeiten, ist für uns Menschen noch sehr viel wichtiger und wertvoller, als dass es nur den Lebensunterhalt sichert. Arbeit hilft uns, über unsere selbstsüchtigen Wünsche hinauszuwachsen, und Arbeit ist die wirksamste Methode, unseren Geist zu entwickeln und unseren Charakter aufzubauen. Es ist unbedingt notwendig, dass wir uns mit Herz und Seele an jede Aufgabe machen, eine edle Übung, die uns zu besseren Menschen macht.

Nehmen wir zum Beispiel Ninomiya Sontoku (1787–1856), einen ungebildeten Bauern, der in Armut geboren wurde und aufwuchs. Täglich ging er noch vor Anbruch der Dämmerung hinaus auf die Felder und arbeitete gewissenhaft, bis es dunkel wurde, nur mit einer Hacke und einem Pflug. Alleine durch harte Arbeit verwandelte er zahlreiche verarmte Dörfer in wohlhabende Gemeinden. Als Anerkennung für diese herausragende Leistung gab ihm die Regierung des Tokugawa-Shoguns eine Stellung und lud ihn in den Palast ein, wo er sich unter Angehörigen der Oberschicht wiederfand. Obwohl er niemals gesellschaftliche Umgangsformen gelernt hatte, betrug er sich mit der Würde eines Adligen und strahlte Spiritualität aus. Die langen Tage schwerer Feldarbeit, in Dreck und Schweiß, hatten sein inneres Wesen genährt, seinen Charakter gebildet, sein Herz geläutert und seine Seele geformt und ihn auf eine höhere Ebene der Existenz gehoben.

Viele glauben, die Verfeinerung der Seele erfordere irgendeine Form der religiösen Übung, während man in Wirklichkeit nichts weiter tun muss, als seine Arbeit zu lieben und sie so gut wie möglich zu tun. Wer bei der Arbeit sein Bestes gibt, wird erleben, dass seine Bemühungen zu einer natürlichen Entwicklung der Seele und Stärkung des Charakters führen. Das ist das Edle am Arbeiten.

Soweit ich weiß, besagt ein lateinisches Sprichwort, man solle nicht die Arbeit vervollkommnen, sondern denjenigen, der sie ausführt. Gerade durch die Arbeit vervollkommnet man aber seinen Charakter. Philosophie entsteht durch hart verdienten Schweiß, und das Herz wird durch tägliches Bemühen gebildet. Sich in die zu erledigende Arbeit zu vertiefen, innovativ an sie heranzugehen und sich unermüdlich anzustrengen, lässt Sie diesen besonderen Tag, diesen besonderen Augenblick, der Ihnen geschenkt wird, wertschätzen.

Ich rate meinen Angestellten oft, sie sollen jeden Tag mit völliger Ernsthaftigkeit leben. Damit meine ich so vollständige Ernsthaftigkeit, dass man auch nicht einen Moment seines wertvollen Lebens verschwendet. Mit einer solchen einfachen, ehrlichen Haltung wird auch der gewöhnlichste Mensch außergewöhnlich. Das ist der Weg derjenigen Menschen, die als Meister in ihrem Fachbereich gelten. Arbeit erzeugt nicht nur wirtschaftliche Werte, sondern erhöht auch unseren Wert als menschliche Wesen. Es gibt daher keine Notwendigkeit, sich aus der materiellen Welt zurückzuziehen. Der Arbeitsplatz ist der perfekte Ort für die Bildung des Geistes, und Arbeit ist spirituelle Übung. Indem wir bei der Arbeit jeden Tag unser Bestes geben, entwickeln wir nicht nur einen edlen Charakter, sondern gewinnen auch wahres Lebensglück.

Ändern Sie Ihr Denken und verwandeln Sie Ihr Leben

Was brauchen wir, um ein besseres Leben zu führen und die Frucht des Glücks zu erlangen? Für mich liegt die Antwort in der Formel:

Ergebnis von Arbeit und Leben = Einstellung × Bemühen × Können

PROLOG

Ich möchte unterstreichen, dass das Ergebnis von Arbeit und Leben nicht aus einer Addition, sondern einer Multiplikation der drei Faktoren besteht.

Können bezieht sich auf Talent und Intellekt, die gewöhnlich vorgegeben sind. Auch Gesundheit und gute Reflexe fallen in diese Kategorie. Das Bemühen dagegen, das Ausmaß, in dem wir uns mit Leidenschaft für unser Tun engagieren und uns der Arbeit und dem Leben widmen, ist eine erworbene Eigenschaft, die wir kontrollieren können. Ich bewerte sowohl Können als auch Bemühen auf einer Skala von 0 bis 100. Weil diese Faktoren multipliziert und nicht addiert werden, erbringt jemand mit viel Können, der sich wenig bemüht, schlechte Ergebnisse. Wenn aber jemand mit wenig Können mit Leidenschaft lebt und arbeitet, erzielt er bessere Ergebnisse, weil solche Menschen ihre Defizite erkennen und hart arbeiten, um sie zu überwinden.

Unter den drei Faktoren der Formel ist allerdings die Einstellung der wichtigste, derjenige, der unser Leben bestimmt. Mit Einstellung meine ich Ihren Geisteszustand und Ihre Lebenseinstellung. Dazu gehören auch Ihre persönliche Philosophie oder Ihr Glauben. Das ist der einzige Faktor, dem ich einen Wert zwischen −100 und +100 zuweise. Daher kann es nach der Formel auch dann, wenn Sie Können mitbringen und sich anstrengen, zu negativen Ergebnissen kommen, wenn Ihre Einstellung negativ ist.

Lassen Sie mich ein peinliches Beispiel aus meiner eigenen Vergangenheit bringen. Als ich meine Ausbildung an der Universität abgeschlossen hatte, herrschte Wirtschaftskrise, und für Abgänger gab es wenige Stellenangebote. Beziehungen hatte ich keine, und alle meine Bewerbungen wurden abgelehnt. Schließlich war ich so verzweifelt und enttäuscht von der Arbeitswelt und der Art, wie sie die Schwachen ausnutzt, dass ich überlegte, mich dem japanischen organisierten Verbrechen anzuschließen. Die Aktivitäten der Mitglieder waren zwar kriminell, aber diese Unterwelt schien mir wenigstens von Prinzipien des Pflichtbewusstseins und der Loyalität geprägt. Hätte ich mich für den Weg des gebildeten Gangsters entschieden, wäre ich jedoch nie glücklich geworden und hätte nie ein erfülltes Leben gehabt, selbst wenn ich es bis zum Paten gebracht hätte, denn die zugrunde liegende Philosophie ist schief und negativ.

Was aber ist eine positive Einstellung? Ich glaube, die Antwort ist ganz einfach: Man braucht »Rechtschaffenheit«, und die beruht auf gesundem Menschenverstand. Dazu gehören beständiger Optimismus, eine konstruktive Einstellung, Dankbarkeit, Fröhlichkeit, Teamgeist, guter Wille, Rücksicht, Freundlichkeit, Fleiß, Zufriedenheit, Selbstlosigkeit und Gelassenheit. Das mag sich nach sehr gewöhnlichen Eigenschaften anhören – eine Liste der moralischen Prinzipien, die wir in der Grundschule lernen –, aber es gibt keinen Grund, sie zu verachten. Anstatt solche Tugenden intellektuell zu begreifen, müssen wir sie verinnerlichen und zu unseren eigenen machen.

Was wir denken, wird Wirklichkeit: das Gesetz des Universums

Seine Rechtschaffenheit zu bewahren, seine inneren Fähigkeiten leidenschaftlich weiterzuentwickeln, ist das Geheimnis des Erfolgs im Leben, weil es mit dem Gesetz des Universums übereinstimmt. Eine Lehre des Buddhismus besagt, dass Gedanken Karma schaffen, das wiederum alle Erlebnisse hervorbringt. Daher ist die Art unseres Denkens äußerst wichtig, und wir sollten es von Negativität frei halten. Deshalb hat der Philosoph Tempu Nakamura (1876–1968), ein Verfechter des positiven Denkens, gesagt, dass wir niemals negative Bilder in unserem Geist zeichnen sollten. Kraftvolle Gedanken manifestieren sich als echtes Erleben, und die geistigen Bilder, die wir schaffen, gestalten unser Leben. Dieses Gesetz müssen wir stets bedenken.

Manche mögen diese Vorstellung als Unsinn abtun, aber ich versichere Ihnen, dass es sich um ein unverbrüchliches Gesetz handelt, das ich aus persönlichem Erleben bestätigen kann. Wer positiv denkt, für den läuft das Leben gut. Wer dagegen der Negativität Raum in seinem Geist gibt, für den läuft es nicht so gut. Es wird uns vielleicht nicht unmittelbar klar, weil es eine Weile dauert, bis die Ergebnisse unseres Handelns offenbar werden, aber auf lange Sicht verläuft das Leben meistens so, wie man es sich vorstellt. Wir müssen daher mit reinem Herzen über unsere Lebensweise nachdenken, weil gute Gedanken, besonders solche, die sich darum drehen, anderen dienstbar zu sein, mit der ursprünglichen Absicht des Universums übereinstimmen.

Es gibt eine kosmische Kraft, die nach universeller Weiterentwicklung strebt, die Fortschritt und Evolution fördert. Ich nenne sie den Willen des Universums. Wenn wir uns mit ihr in Übereinstimmung bringen, erlangen wir wahren Erfolg und Reichtum. Wenn wir uns aber von ihr abwenden, stagnieren wir und verfallen schließlich. Wenn wir altruistisch an das Leben herangehen und unsere Gedanken auf das Wohl aller richten, wenn unser Herz mit

Liebe erfüllt ist und wir uns stets anstrengen, dann trägt uns diese Kraft und schenkt uns ein erfülltes Leben. Wenn unsere Herzen und Gedanken dagegen mit Neid, Hass und selbstsüchtigen Begierden erfüllt sind, geht es mit unserem Leben rasch abwärts.

Der Willen, der das Universum durchdringt, fließt von Liebe, Ehrlichkeit und Harmonie über. Er wirkt auf alles gleichermaßen und will alles Geschaffene in eine positive Richtung hin zu Wachstum und Fortschritt führen. Die Urknalltheorie, auf die ich in Kapitel 5 näher eingehe, ist dafür ein überzeugendes Beispiel. Gemäß ihr gab es kurz nach dem Beginn des Universums nur eine kleine Handvoll Elementarteilchen. Diese Teilchen wurden durch eine massive Explosion vereint, aus der die Protonen, Neutronen und Mesonen hervorgingen, die wiederum die Atomkerne bilden. Die Atomkerne vereinigten sich mit Elektronen zu einfachen Atomen wie Wasserstoff, später verbanden sie sich zu komplexeren. Die Atome begannen, Moleküle und Makromoleküle zu bilden, dann lebendes Gewebe und schließlich höhere Lebewesen wie den Menschen. Je mehr ich über die Entwicklung des Universums erfahre, desto überzeugter bin ich von der Einwirkung eines höheren Willens, der Wachstum und Fortschritt fördert.

Während meiner vielen Jahre in der kreativen Produktentwicklung habe ich oft die Existenz von »etwas Höherem« gespürt. Mein Erfolg in der Produktentwicklung geht geradezu darauf zurück, dass ich diese höhere Weisheit genutzt und mich von ihr habe leiten lassen.

Kyocera ist ein führender Hersteller hochwertiger Keramik, eines universell einsetzbaren, hoch entwickelten Materials für

Produkte der Hochtechnologie wie zum Beispiel Computer und Mobiltelefone, und wir sind stolz darauf, auf diesem Gebiet ständig neue Horizonte zu eröffnen. Als ich anfing zu arbeiten, wusste ich nichts über Keramik, aber der einzige Arbeitgeber, den ich nach meinem Universitätsabschluss finden konnte, war zufällig eine Firma in Kyoto, die auf Porzellanisolatoren spezialisiert war. Meine Stelle erforderte Fachwissen in anorganischer Chemie, das mir fehlte, weil ich mich an der Universität auf die organische Chemie – zum Beispiel Petrochemie – konzentriert hatte. Nicht nur fehlten mir Wissen und Fähigkeiten für meinen Job, sondern auch ein richtiges Labor, denn das Unternehmen steckte ständig in den roten Zahlen und konnte nur eine rudimentäre Forschungsausstattung stellen. Ich hatte keine Wahl, als meine Forschungs- und Entwicklungsarbeit mit dem zu betreiben, was mir zur Verfügung stand. Trotz dieser Handicaps gelang es mir, innerhalb sehr kurzer Zeit die erste japanische Feinkeramik herzustellen.

General Electric hatte nur ein Jahr zuvor ein identisches Material erzeugt. Meine Methode war allerdings völlig eigenständig und kam ohne fortlaufende Versuchsreihen mit Präzisionsausrüstung aus. Es schien wie schieres Glück, dass ein unbekannter Forscher in einer winzigen Isolatorenfabrik in Kyoto Ergebnisse erzielte, die auf einer Stufe mit einem der weltweit führenden Hersteller standen. Aber mein Glück hielt an, auch nachdem ich die Firma verlassen und Kyocera gegründet hatte, und sowohl mein neues Unternehmen als auch ich selbst wuchsen dadurch.

PROLOG

Ein unerschöpflicher Schatz der Weisheit

Ich glaube fest daran, dass dieser Erfolg weder auf etwaige Talente zurückgeht, die ich vorzuweisen hätte, noch auf reinen Zufall. Vielmehr glaube ich, dass es irgendwo im Universum einen Schatz der Weisheit gibt, von dem wir zehren. Von dorther kommen unsere neuen Ideen, Inspirationen und unsere Kreativität. Er ist ein Brunnen des Wissens, der universellen Wahrheit, und er gehört Gott oder dem Universum und nicht einem einzelnen Menschen. Fortschritte in Technik und Zivilisation entstehen aus dem, was wir aus diesem Vorrat empfangen.

Wie ich später noch erkläre, habe ich den Kyoto Prize gestiftet, um Menschen aus vielen Fachgebieten zu unterstützen, die der Menschheit neue Horizonte eröffnen. Erstaunlicherweise sagen alle Preisträger, ihre Entdeckungen verdankten sie einer plötzlichen Inspiration, die wie eine Offenbarung Gottes gekommen sei. Dieser schöpferische Durchbruch kann mitten in konzentrierter Forschungsarbeit, aber auch während einer Pause oder sogar im Traum kommen. Ich halte es für wahrscheinlich, dass die Inspirationen für Edisons* zahlreiche bahnbrechende Erfindungen aus dem Weisheitsschatz stammten und ihm als Antwort auf seine ungeheuren Anstrengungen zuteilwurden. Wann immer ich mir die Leistungen der Meister anschaue, die uns vorausgegangen sind, bin ich überzeugt, dass dieser Schatz die Quelle neuen Wissens und technischer Neuerungen ist; so kommen Kreativität und zivilisatorischer Fortschritt zustande.

---

* Thomas Alva Edison war ein US-amerikanischer Erfinder und Unternehmer. Zu seinen zahlreichen Erfindungen zählten unter anderem der Phonograph und die Glühbirne.

Wie können wir die Tür öffnen, um Zugang zu dieser Weisheit zu bekommen? Ich glaube, die einzige Antwort darauf ist, mit Leidenschaft bei der Sache und stets ernsthaft bemüht zu sein sowie sein Bestes zu geben. Wenn man mit guter Absicht und ernstem Bemühen auf ein Ziel hinarbeitet, erleuchtet Gott, wie ich glaube, den Weg mit einem Lichtstrahl aus dem Schatz der Weisheit. Wie sonst hätte jemand wie ich, ohne Wissen und Fähigkeiten und mit sehr wenig Erfahrung und Ausstattung, auf internationaler Ebene Neuland betreten und damit Erfolg haben können? Ich warf mich damals mit manischer Leidenschaft in die Forschungsarbeit, getrieben von brennender Begierde, meine Forschung Früchte tragen zu sehen. Ich dachte an nichts anderes als an meine Arbeit und bekam im Gegenzug, so glaube ich, einen Tropfen Weisheit aus diesem Schatz.

Üben Sie ständige Selbstdisziplin, um dem Königsweg zu folgen

Manche nennen diesen Schatz vielleicht Vorsehung oder die Weisheit des Schöpfers, aber wie auch immer man ihn nennt – er drängt die Menschheit unaufhörlich in Richtung Wachstum und Entwicklung. Ich finde es allerdings bedenklich, dass so viele die Weisheit aus diesem Schatz auf die falsche Art oder für das falsche Ziel einsetzen, und mache mir Sorgen, dass die Menschheit ihr eigentliches Ziel aus den Augen verloren hat. Ich glaube, diese Situation deutet auf das Fehlen einer Lebensphilosophie hin. Wir haben zwar eine weit fortgeschrittene Zivilisation geschaffen, die auf wissenschaftlich fundierter Technologie beruht, und leben in großem Wohlstand, aber wir haben vergessen, wie wichtig unser spirituelles und moralisches Wesen ist. Das hat zu neuen Problemen, wie etwa der Umweltzerstörung, geführt.

Dank wissenschaftlicher Fortschritte können wir »Wunder« vollbringen und neue Kräfte anwenden. Wir haben uns fortgeschrittene Technik und Wissen, bisher der Bereich Gottes, zu eigen gemacht und nutzen sie nach unserem Belieben. Die Folgen sind allerdings negativ. Die Biosphäre des Planeten und damit unsere eigene Existenz wird von der Zerstörung der Ozonschicht, den Kunstdüngern und Pestiziden in Boden und Wasser, den zunehmenden Kohlendioxidemissionen mit der daraus folgenden globalen Erwärmung und den Auswirkungen von Umweltgiften wie Dioxin bedroht. All das sind Beispiele dafür, wie wir das Wissen, das uns glücklich machen sollte, missbraucht haben. Wir vernichten uns mit den Waffen, die wir selbst geschaffen haben.

Meine Formel zeigt, dass wir letztlich schweres Leid über die Erde bringen, solange wir nicht die richtige Einstellung, Philosophie, Religion oder Ideologie entwickeln, um uns durch das Leben zu führen, egal wie fortgeschritten unsere Technik und unser Wissen (Fähigkeiten) auch immer sein mögen und wie sehr wir uns in unserem Bemühen anstrengen. Wie wir als Menschen die richtige Lebensweise finden, ist also weit mehr als eine persönliche Angelegenheit. Jede und jeder Einzelne muss ihren oder seinen Lebensweg prüfen, wenn wir die Welt retten und die Menschheit in die richtige Richtung bewegen wollen.

Das erfordert eine sehr disziplinierte Lebensweise, in der harte Arbeit und Selbstbeherrschung selbstverständlich sind. Fleiß, Ernsthaftigkeit, Bemühen, Ehrlichkeit – wir müssen moralische Grundsätze und ethische Prinzipien wie diese zum festen Fundament unserer Philosophie und unserer Lebensweise machen. Wir sind heute aufgerufen, jenem Lebensweg zu folgen, der für uns als Menschen der richtige ist. In der Sprache des Altertums hieß er der Königsweg, und er führt zu Erfolg und Wohlstand, zu Frieden und Glück, für die gesamte Menschheit. Ich hoffe, mit dem vorliegenden Buch einen Führer für diese Lebensweise vorlegen zu können.

DER KOMPASS
FÜR DAS LEBEN

KAPITEL 1

UNSERE WÜNSCHE VERWIRKLICHEN

Man bekommt nur das, worum man bittet

»Mein Leben läuft nie so, wie ich es mir wünsche.« Es ist leicht, sich eine so einseitige Sichtweise der Ereignisse des Lebens zurechtzulegen. Sie ist allerdings selbsterfüllend. Eben weil wir erwarten, dass es im Leben nicht so läuft, wie wir es uns wünschen, läuft es dann auch wirklich nicht wunschgemäß. So gesehen verläuft das Leben dann doch nach unseren Erwartungen.

Viele Erfolgsphilosophien legen den Satz zugrunde, dass das Leben ein Ausdruck des Geistes sei. Aufgrund persönlicher Erfahrungen bin ich ein überzeugter Anhänger dieser Vorstellung. Wir ziehen nur diejenigen Ergebnisse an, auf die wir uns konzentrieren; nur was wir wirklich wollen, liegt im Bereich des Möglichen für uns. Es ist unmöglich, ein spezifisches Ergebnis anzuziehen, ohne es fest im geistigen Griff zu haben. Unser Geisteszustand und unsere Wünsche gestalten so die Realität unseres Lebens. Wenn man ein bestimmtes Ergebnis erzielen will, ist der erste Schritt dorthin, den eigenen Geist auf die Vorstellung des Endzustands zu konzentrieren, den man selbst erreichen will, oder auf die Situation, die eintreten soll. Diese Vorstellung muss man entschlossener als jede andere festhalten und sie mit leidenschaftlicher Inbrunst anstreben.

Mir wurde die Kraft des Geistes zuerst vor 40 Jahren bei einem Vortrag von Konosuke Matsushita (1894–1989) bewusst, der in Japan vielfach als »Management-Gott« galt. Zur Zeit jenes Vortrags war Matsushita allerdings noch nicht zum Guru hochstilisiert worden, und ich hatte gerade erst meine Firma gegründet, die noch klein und unbekannt war. Matsushita sprach in diesem Vortrag über seine berühmte »Staudamm-Management-Theorie«, die wie folgt funktioniert: Ein Fluss ohne Staudamm führt nach starkem Regen Hochwasser und wird bei Dürre zu einem Rinnsal. Staut man den Fluss auf und speichert sein Wasser, können wir seine Wasserführung kontrollieren, sodass wir nicht länger dem Wetter oder der Umwelt ausgeliefert sind. Dasselbe Prinzip, so Matsushita, kann man auch im Management anwenden. Er empfahl den Zuhörern, in ihren Firmen während guter Zeiten Reserven anzulegen, Reserven an Ausrüstung oder Kapital zum Beispiel, damit in Notzeiten weiter stabiles Wachstum möglich sei.

Ich saß hinten im Saal und konnte die Welle des Widerspruchs, die durch das Publikum aus Managern kleinerer und mittlerer Unternehmen wie meines eigenen lief, geradezu sehen. »Wovon redet er da?«, murmelten die Zuhörer. »Das geht nicht. Deshalb kämpfen wir ja Tag und Nacht ums Überleben. Wenn wir genug Spielraum hätten, um Reserven anzulegen, müssten wir uns nicht so abmühen. Wir wissen ja, dass wir Reserven brauchen. Was wir nicht wissen, ist, wie wir diese schaffen sollen.«

Als Matsushita nach dem Vortrag um Fragen bat, stand einer der Zuhörer auf und machte seiner Frustration Luft: »Natürlich wäre ein solches Staudamm-Management ideal, wenn es möglich wäre. Ist es aber nicht. Welchen Sinn hat es, wenn Sie uns nicht sagen, wie wir einen Staudamm bauen können?«

Über Matsushitas gütiges Gesicht huschte ein grimmiges Lächeln. Er dachte einige Augenblicke still nach, um dann einfach zu antworten: »Ehrlich gesagt weiß ich das selbst nicht. Ich weiß nicht, wie es geht, aber ich muss trotzdem daran festhalten, dass ich einen Damm bauen will.« Damit hatte er die Frage eigentlich nicht beantwortet, und im Publikum erhob sich unbehagliches Lachen. Die meisten Zuhörer wirkten deutlich enttäuscht. Ich dagegen saß verblüfft da. Seine Worte hatten mich elektrisiert. Er hatte eine tiefe Wahrheit enthüllt.

Sie müssen sich Tag und Nacht leidenschaftlich auf Ihr Ziel konzentrieren

Matsushitas Bemerkung machte mir klar, wie wichtig es ist, dass man ein Ziel wirklich erreichen will. Es wäre gar nicht sinnvoll gewesen, wenn er versucht hätte, uns zu lehren, wie man einen

KAPITEL 1

Damm baut, denn jeder einzelne Anwesende hätte, ungeachtet Matsushitas Anweisungen, den Dammbau auf seine eigene Weise in Angriff genommen. Aber zuallererst muss man einen Staudamm bauen *wollen*. Dieses Bestreben ist der Anfang von allem.

Wenn das Herz nicht vor Verlangen aufschreit, sehen wir weder das Ziel noch den Weg, um es zu erreichen, und der Erfolg bleibt uns versagt. Deshalb ist ein ständiges, brennendes Verlangen so wichtig. Dieses Verlangen ist der Anfangspunkt, die einzige Garantie, dass unsere Träume wahr werden. Das Leben ist ein Ausdruck unseres Geistes, und unsere Wünsche sind die ursprünglichen und eigentlichen Triebkräfte, die unsere Träume verwirklichen. Wie Samen, die im Garten des Lebens gepflanzt werden, schlagen sie Wurzeln, erheben ihre Zweige in den Himmel, blühen auf und tragen Früchte. Diese Erkenntnis war es – die Erkenntnis einer Wahrheit, die unser Leben durchdringt, auch wenn wir sie nur hin und wieder teilweise erkennen –, die ich aus Matsushitas Worten gewann. In der Folge erlebte ich sie in meinem eigenen Leben und lernte allmählich, mich ihrer zu bedienen.

Ein vages, halbherziges Verlangen führt nie zum Ziel. Es bedarf eines unbändigen Verlangens, einer wilden Sehnsucht, die Tag und Nacht die Gedanken beherrscht, ob man schläft oder wacht. Dieses Verlangen muss einen von Kopf bis Fuß erfüllen, so sehr, dass, wenn man sich mit einem Messer schneiden würde, nicht Blut, sondern ebendieses Verlangen aus der Wunde tropfte. Ein derart bedingungsloses, intensives Verlangen ist die Triebkraft hinter allen großen Leistungen.

Wenn der eine versagt, während ein anderer Erfolg hat, obwohl beide gleich befähigt sind und sich gleichermaßen anstrengen, heißt es oft, der Erfolgreiche habe eben Glück gehabt. Tatsächlich geht der Erfolg aber auf die Größe, Tiefe und Intensität des Verlangens zurück. Vielleicht hält mich mancher für einen naiven Optimisten, aber denken Sie daran, dass es alles andere als leicht ist, seine Gedanken so sehr auf ein einziges Ziel zu konzentrieren, dass man zu essen und zu schlafen vergisst, und dieses leidenschaftliche Verlangen aufrechtzuerhalten, bis es selbst ins Unterbewusstsein vordringt.

Im laufenden Management wie bei Risikoinvestitionen sagt uns oft der gesunde Menschenverstand, dass etwas Neues oder Andersartiges zum Scheitern verurteilt sei. Wenn wir uns vom gesunden Menschenverstand leiten lassen, wird selbst das Mögliche unmöglich. Wenn man entschlossen ist, etwas Neues zu beginnen, muss man zuallererst seinen Geist und sein Herz leidenschaftlich darauf konzentrieren. Um das Unmögliche möglich zu machen, muss man einer Idee wie »wahnsinnig« anhängen und in der festen Überzeugung arbeiten, dass man alles schaffen kann. Das ist die einzige Methode, im Leben wie im Geschäft, seine Ziele zu erreichen.

Stellen Sie sich die Verwirklichung Ihrer Ziele in Farbe und 3-D vor

Die Behauptung, nur leidenschaftliches Verlangen führe zum Erfolg, klingt so unwissenschaftlich, dass manche sie als eine Art Wunschdenken abtun. Die Erfahrung hat mich aber gelehrt, dass ich, wenn ich mich ununterbrochen mit einer Idee beschäftige, ihr Ergebnis sehr deutlich voraussehen kann.

Jeder Erfolg im Leben beginnt mit dem starken Verlangen, etwas erreichen zu wollen. Ich verfolge eine Idee und denke dabei intensiv daran, wie man dieses Verlangen in die Realität umsetzt; ich sehe mir alle Möglichkeiten an und spiele den ganzen Vorgang im Geist durch. Wie ein Schachspieler, der Zehntausende mögliche Züge im Kopf durchgeht, überdenke ich wiederholt den gesamten Prozess, mit dem ich mein Ziel erreichen will, eliminiere alle ineffektiven Strategien, die mir in den Sinn gekommen sind, und ändere und verbessere meinen Plan ständig. Wenn ich das oft genug wiederhole, sehe ich irgendwann den Weg zum Erfolg so deutlich vor mir, als sei ich ihn schon einmal gegangen. Was zuerst nur ein Traum war, wird immer realistischer und realer, bis es zwischen beiden keinen Unterschied mehr gibt und ich die erfolgreiche Umsetzung meiner Idee in allen Einzelheiten vor mir sehe. Ich sehe das nicht in Schwarz-Weiß, sondern in lebhaften Farben vor meinem inneren Auge. Dieses Verfahren ähnelt dem Image-Training im Sport: Das Denken wird so konzentriert, dass der Sportler das Bild in seinem Geist als Kristallisation der Wirklichkeit sieht.

Wenn man andererseits ein bestimmtes Ergebnis nicht stark genug begehrt, wenn man es sich nicht intensiv genug vorstellt und wenn man es nicht entschlossen angeht, bis man genau vor sich sieht, wie es im erreichten Zustand aussehen wird, besteht kaum Hoffnung auf Erfolg im schöpferischen Prozess oder im Leben. Wenn man zum Beispiel ein neues Produkt entwickelt, genügt es nicht, ein Gerät zu schaffen, dass bestimmte vorgegebene Spezifikationen oder Funktionen bietet, die andere Geräte auch haben. Wenn der Produktentwickler keine Idealkriterien für das neue Produkt festgelegt hat, bevor er es durch diesen intensiven Denkprozess laufen lässt, ist das Endprodukt immer minderwertig, selbst wenn es die Vorgaben des Kunden erfüllt. Das Endprodukt kann dann auf einem breiten Markt nicht bestehen, weil es bloß »vernünftigen« Standards genügt.

Ich erinnere mich an einen unserer Entwickler, ein Absolvent einer japanischen Eliteuniversität. Er hatte Monate auf die Entwicklung eines neuen Produkts verwandt, aber als er es mir vorführte, warf ich nur einen Blick darauf und sagte: »Es ist nicht gut genug.«

»Was soll das heißen?«, fragte er. »Es ist genau, was der Kunde wollte.«

»Ich habe etwas Besseres erwartet«, sagte ich ihm. »Und die Farbe ist langweilig.«

»Wie kann man so unvernünftig sein? Sie sind doch selbst Ingenieur. Das ist für den Einsatz in der Industrie. Die Farbe ist egal. Ihr Kriterium ist unwissenschaftlich.«

»Nennen Sie mich ruhig irrational, aber das ist nicht das, was ich mir vorgestellt habe.« Ich bestand darauf, dass er es noch einmal versuchte, auch wenn ich wusste, wie er sich ärgern würde, seine Arbeit zurückgewiesen zu sehen, in die er so viel Mühe gesteckt hatte. Ich wies sie deshalb zurück, weil sie nicht dem Bild entsprochen hatte, das ich mir davon im Geist gemacht hatte. Nach einigen weiteren Versuchen gelang es dem Entwickler und seinem Team dann, das ideale Produkt zu schaffen.

Meine Eltern sagten oft, etwas sei »so scharf, dass es einem in die Hand schneidet«, wenn sie meinten, etwas sei so hervorragend, dass man absolut keinen Fehler daran finden kann. Wenn ein Produkt dieses Stadium der Vollkommenheit, Großartigkeit und Bewunderungswürdigkeit erreicht, hat man fast Angst, es auch nur anzufassen. Wenn man diese Höhe der Kreativität erreichen will, darf man im Bemühen um Vollkommenheit keine Anstrengung scheuen.

Träume werden wahr, wenn man sich jede Einzelheit vorstellt

Wenn man ein Ziel erreichen will, ob nun bei der Arbeit oder im Leben, soll man es sich immer in seiner Idealgestalt vorstellen und es konzentriert immer wieder durchdenken, bis man es in allen Einzelheiten visualisieren kann. Dieser Prozess ist entscheidend bei der Verwirklichung unserer Träume. Wenn man sich ein hochgestecktes Ziel setzt und sich so lange bemüht, bis die Realität diesem Ideal entspricht, erhält man das Ergebnis, das man sich gewünscht hat. Ziele, die man von Anfang an klar visualisiert, ergeben Ergebnisse, die so scharf sind, dass sie einem in die Hand schneiden. Wenn man sein Ziel dagegen nicht visualisiert, erreicht man es vielleicht, aber das Endergebnis wird nicht so scharf sein. Das ist mir im Leben immer wieder so ergangen.

Als zum Beispiel DDI (Daini Denden Inc., ein Vorgängerunternehmen des heutigen KDDI) ins Mobiltelefongeschäft einstieg, erklärte ich den anderen Vorstandsmitgliedern, dass wir jetzt ins Zeitalter des Mobiltelefons einträten. In naher Zukunft, so sagte ich voraus, werden die Menschen überall, jederzeit, mit jedem telefonieren können. Außerdem würde jeder Einzelne, vom Kind bis zum Greis, seine eigene Telefonnummer haben. Die anderen Vorstände lachten ungläubig und schüttelten den Kopf, aber ich sah bereits vor mir, wie das Mobiltelefon, ein Produkt mit unbegrenzten Möglichkeiten, sich durchsetzen würde –

und ich sah sogar schon voraus, wie schnell das gehen würde. Ich hatte ein klares Bild, bis hin zu Preisgestaltung, Produktgröße, Marketingstrategie und Verkauf, vor mir.

Bei meiner Tätigkeit im Halbleitergeschäft und in anderen Geschäftszweigen Kyoceras hatte ich gesehen, wie schnell technische Neuerungen sich durchsetzen und wie unbegrenzt die Möglichkeiten der Verringerung von Größe und Kosten des Produkts sind. Meine Arbeitserfahrung gab mir genug Wissen an die Hand, um das Wachstum des Mobiltelefonmarkts ziemlich genau voraussagen zu können. Ich sah nicht nur den Umfang der Marktausweitung voraus, sondern auch die zukünftigen Telefongebühren. Der damalige Geschäftsführer von DDI machte sich bei diesem Meeting Notizen zu meinen Marktvoraussagen. Später, nach erfolgtem Einstieg ins Mobiltelefongeschäft, verglich er diese Notizen mit den tatsächlichen Gebühren und stellte fest, dass sie fast genau meinen Voraussagen entsprachen.

Der Preis eines Produkts ist immer das Ergebnis komplexer und detaillierter Berechnungen, die zum Beispiel Faktoren wie das Verhältnis von Angebot und Nachfrage und die Amortisierung von Investitionen berücksichtigen, aber ich konnte mir sogar schon die Kundendienstgebühren genau vorstellen, und zwar bevor all diese Berechnungen durchgeführt worden waren. Der Geschäftsführer war erstaunt über diese Genauigkeit meiner Voraussagen, aber sie sind einfach ein gutes Beispiel für die Kraft der Visualisierung. Was man klar vor sich sieht, kann man auch umsetzen. Was man im Geist vor sich sieht, kann man auch erreichen; was man nicht vor sich sieht, schafft man auch nicht. Wenn man ein bestimmtes Ergebnis anstrebt, muss man sich mit wilder

Entschlossenheit darauf konzentrieren, bis sie zu einem leidenschaftlichen Begehren wird, um das Ergebnis des Erfolgs bereits im Voraus in allen Einzelheiten vor sich zu sehen.

Dass wir für uns selbst oder eine äußere Situation das Erreichen eines bestimmten Zustands so intensiv wünschen können, beweist an sich schon, dass wir die inhärente Fähigkeit haben, unsere Wünsche Wirklichkeit werden zu lassen. Man stellt sich normalerweise nur nicht vor, was man alles erreichen kann. Wenn man sich vorstellen kann, wie man selbst ein bestimmtes Ergebnis erreicht – wenn man, sowie man die Augen schließt und sich den Erfolg vorstellt, ein klares Bild vor dem inneren Auge hat –, dann kann man es wahrscheinlich auch in Wirklichkeit erreichen.

Erfolg erfordert Sorgfalt in Bemühen und Vorbereitung

Wenn man etwas Neues anfängt, das noch niemand zuvor versucht hat, stößt man unweigerlich auf Widerstand. Geht man nun mit der inneren Überzeugung an dieses neuartige Unterfangen heran, dass man es schaffen kann, und stellt sich die erfolgreiche Verwirklichung klar und deutlich vor, dann wird man auch rasch vorankommen und die Idee weiterentwickeln können. Ideen sollte man immer auf dem kühnen Optimismus gründen, der die Inspiration beflügelt. Es hilft dabei, wenn man sich mit Optimisten umgibt, die solche gedanklichen Höhenflüge unterstützen.

In der Anfangsphase von DDI rief ich jedes Mal, wenn ich eine Inspiration hatte, den Vorstand zusammen, um die Mitglieder nach ihrer Meinung zu fragen. Ich stellte fest, dass die Reaktion der Vorstandsmitglieder umso kühler ausfiel, je angesehener die

Universität war, von der er oder sie kam, und es auch umso wahrscheinlicher wurde, dass er oder sie mir vorhielt, dass mein Vorschlag viel zu übereilt sei. Natürlich hatten sie damit eigentlich recht, ihre Analyse war zutreffend, aber wenn man jede neue Idee mit einem kalten Sperrfeuer logischer Gründe abwehrt, dann bleiben dabei auch gute Ideen auf der Strecke, und selbst das Mögliche wird verhindert.

Nach mehreren solchen Erlebnissen legte ich meine Ideen lieber einem anderen Personenkreis vor. Anstatt kluger, analytischer Denker, die neuartige und schwierige Vorhaben vorsichtig und pessimistisch beurteilen, ließ ich meine Vorschläge lieber von solchen beurteilen, die sie mit unschuldiger Begeisterung und Zustimmung begrüßten, selbst wenn sie ein bisschen allzu wagemutig waren. Das klingt vielleicht verantwortungslos, aber wenn man eine Idee entwickelt, ist es genau das Richtige, sich mit solchem Optimismus zu umgeben.

Solch tollkühner Optimismus wirkt allerdings nur, solange man eine Idee oder ein Konzept noch entwickelt. Tritt man ins Planungsstadium ein, muss man zunächst den konkreten Inhalt der Idee auf Pessimismus gründen, die Risikofaktoren bewerten und die Idee vorsichtig und sorgfältig weiterentwickeln. Wenn man dann bereit für die Ausführung ist, sollte man auf Optimismus zurückschalten und sich mit Selbstvertrauen an die Arbeit machen. Um seine Gedanken in die Wirklichkeit umzusetzen, muss man also optimistisch denken, pessimistisch planen und optimistisch ausführen.

Auch Mitsuro Oba, der erste Mensch, der zu Fuß im Alleingang Nord- und Südpol überquert hat, berichtete mir dasselbe über die Vorbereitung seiner Abenteuertouren. Kyocera hatte Oba mit verschiedenen Produkten bei seinen Vorhaben unterstützt, und er kam zu mir ins Büro, um sich zu bedanken. Als ich ihn für seinen Mut lobte, solche gefährlichen Abenteuer anzugehen, widersprach er unbehaglich. »Ich bin gar nicht mutig«, sagte er mir. »Ich bin ein ziemlicher Feigling. Aber weil ich Angst habe, bereite ich mich auf diese Touren sehr sorgfältig vor. Deshalb hat es wohl auch diesmal wieder geklappt. Ein Abenteurer, der nur kühn ist und nicht auch vorsichtig, überlebt seine Abenteuer nicht.«

Als ich das hörte, wurde mir klar, dass erfolgreich immer diejenigen sind, die sich den Wahrheiten des Lebens stellen. Mut, der nicht von Angst, Vorsicht und Sorgfalt gestützt wird, ist bloß rücksichtslose Tollkühnheit.

Aus Krankheiten lernen

Ich habe Ihnen im Vorigen ein Grundprinzip des Lebens erklärt: Die Art, wie wir denken, verändert unser Leben. Ich selbst habe das erst durch wiederholte Fehler, Rückschläge und Schwierigkeiten begriffen. Als ich jung war, kam es mir vor, als ob für mich alles schiefginge, was nur schiefgehen konnte. Ich verstand einfach nicht, warum nie etwas gut für mich lief, und kam mir von Gott oder dem Schicksal verlassen vor. Ich schien jemand zu sein, der nur Pech hatte. Ich war unglücklich über alles und trat der Welt oft zynisch und hasserfüllt gegenüber. Aber während ich mich durch einen Rückschlag nach dem anderen kämpfte, dämmerte mir allmählich, dass es mein eigener Geist war, der für alle meine Probleme verantwortlich war.

Der erste Rückschlag, mit dem ich fertigwerden musste, war mein Scheitern im Aufnahmeexamen für die Oberschule. Noch schlimmer kam es, als ich an Tuberkulose erkrankte, die damals noch als unheilbar galt. Tbc scheint in meiner Familie erblich zu sein; drei meiner Großeltern sind daran gestorben. »Jetzt spucke ich bald Blut und werde sterben wie sie«, dachte ich. Ich lag nur noch mit ein bisschen Fieber im Bett und versank in Gedanken der Sinnlosigkeit und Hoffnungslosigkeit.

Unsere Nachbarin muss Mitleid mit mir gehabt haben. Sie schenkte mir ein Buch namens *Leben aus dem Geiste* von Masaharu Taniguchi, dem Begründer der »Truth of Life Movement«. Obwohl ich den Inhalt kaum verstand, las ich es eifrig; ich brauchte dringend etwas, woran ich mich festhalten konnte. Ich stieß darin auf die folgende Vorstellung: Im Geist des Menschen sitzt ein Magnet. Wenn jemand krank wird, dann weil der schwache Geist des Betreffenden die Krankheit anzieht.

Dieses Konzept faszinierte mich. Taniguchi erklärte, alles, was uns im Leben begegne, sei von unserem Geist angezogen und eine Projektion von ihm. Krankheit ist keine Ausnahme. Diese Vorstellung mag ein wenig grausam klingen, aber als ich Taniguchis Worte las, sprang in mir ein Schalter um. Als mein Großvater an Tuberkulose erkrankte, pflegte ihn meine Familie in einem Anbau unseres Hauses. Ich hatte so große Angst davor, mich anzustecken, dass ich mir die Nase zuhielt und rannte, wenn ich an dem Anbau vorbeimusste. Mein Vater dagegen, der sich selbst um den alten Mann kümmerte, und selbst mein älterer Bruder machten sich keine Sorgen um ihre Gesundheit. Sie sagten mir, Tuberkulose sei nicht besonders leicht übertragbar. Ich war der Einzige in meiner Familie, der meinen Großvater mied, aber trotzdem war ich dann der Einzige in der näheren Verwandtschaft, der sich die Krankheit einfing.

Vielleicht war das eine Strafe. Mein negatives Denken – meine Furcht vor der Krankheit und einer Ansteckung – hatte das Unglück auf mich herabgerufen. Eben weil ich Angst davor hatte, mich mit Tbc anzustecken, bekam ich sie. Das machte mir klar, dass ein auf das Negative konzentrierter Geist negative Ereignisse anzieht. Taniguchis Worte verdeutlichten mir, dass das Bild in meinem Geist Realität geworden war. Als ich über meine Handlungsweise nachdachte, schwor ich mir, von nun an nur noch positiv zu denken. Es ist allerdings nicht leicht, seine Denkweise zu ändern, und ich bin oft vom Weg der Positivität abgekommen.

Das Schicksal hängt von der Einstellung ab

Zum Glück wurde ich dann doch wieder gesund und konnte zur Schule gehen, aber die Rückschläge hielten an. Ich fiel bei der Zulassungsprüfung meiner Wunschuniversität durch. Ich konnte mich zwar an einer örtlichen Universität immatrikulieren und studierte auch erfolgreich, aber dann wurde Japan nach dem Ende des Rüstungsbooms, den der Koreakrieg gebracht hatte, von einer Wirtschaftskrise getroffen. Ich hatte keine Beziehungen, meine Bewerbungen wurden alle abgelehnt. Wenige Firmen wollten sich einen Bewerber, der von einer neuen, ländlichen Universität kam, auch nur anschauen, und ich verwünschte mein Pech und die Ungerechtigkeit der Welt.

Warum, fragte ich mich, habe ich immer so ein Pech? Wenn ich ein Lotterielos kaufe, gewinnen die Leute vor und hinter mir in der Schlange, aber ich garantiert nicht. Wieso versuche ich es überhaupt noch? Meine Gedanken wurden immer pessimistischer. Ich hatte ein wenig Karate gelernt und war nicht ganz schlecht darin; deshalb spielte ich mit der Idee, mich der Yakuza[*] anzuschließen. Eine Weile trieb ich mich sogar in der Zentrale einer Gang in einem belebten Einkaufsviertel herum.

Einem meiner Professoren gelang es dann, mich bei einem Keramikhersteller in Kyoto unterzubringen, aber die Firma stand am Rand des Bankrotts. Die Lohnzahlungen verspäteten sich oft, und um die Sache noch schlimmer zu machen, waren die Manager unter sich zerstritten. Ich hatte zwar endlich eine Arbeitsstelle, fand aber die Situation trotzdem entmutigend. Das führte verständlicherweise dazu, dass wir neuen Angestellten, wenn wir miteinander sprachen, uns ständig beklagten und von Kündigung sprachen. Ein Kollege nach dem anderen hörte auf, und schließlich war ich als Einziger noch übrig.

Als es so weit gekommen war, hatte ich keine andere Wahl, als meine negativen Gedanken über den Job hinter mir zu lassen. Es hatte keinen Sinn, mich weiter über die Arbeitsbedingungen zu beklagen, also entschloss ich mich, meine Einstellung zum Job völlig umzukrempeln. Ich stürzte mich in die Forschung und arbeitete so hart, wie ich nur konnte. Ich brachte sogar meine Kochtöpfe ins Labor mit, damit ich nicht mehr zum Essen nach Hause gehen musste und mich stattdessen ganz auf meine Experimente konzentrieren konnte.

---

[*] Yakuza ist der Oberbegriff für das organisierte Verbrechen in Japan.

KAPITEL 1

Meine veränderte Einstellung begann sich in der Arbeit widerzuspiegeln. Ich erzielte Ergebnisse, die mir das Lob meiner Vorgesetzten eintrugen. Die Anerkennung spornte mich an, noch härter zu arbeiten, wodurch ich zu noch besseren Ergebnissen kam – eine positive Selbstverstärkung. Schließlich gelang es mir, das erste japanische Feinkeramikmaterial für Fernsehbildröhren zu entwickeln, wobei ich mein eigenes wissenschaftliches Verfahren einsetzte. Meine Leistung brachte mir noch größeres Lob der Vorgesetzten. Inzwischen war mir meine Arbeit so wichtig und bedeutsam geworden, dass es mir gleichgültig war, ob der Lohn pünktlich gezahlt wurde. Die Fähigkeiten, die ich mir erwarb, und meine Ergebnisse an einem Arbeitsplatz, den ich ursprünglich gehasst hatte, wurden dann zur Grundlage des Erfolgs von Kyocera.

Von dem Augenblick an, da ich meine Einstellung änderte, änderte sich auch mein Leben, sodass ich den Teufelskreis durchbrechen und durch einen positiv rückgekoppelten Kreislauf ersetzen konnte. Diese Erfahrung überzeugte mich, dass das Schicksal nicht vorherbestimmt ist, sondern dass wir mit unserer eigenen Willenskraft das Werkzeug in der Hand haben, um unser Leben positiv oder negativ zu gestalten. Die vielen Probleme meiner Jugendzeit ließen mich ein grundlegendes Prinzip erkennen: Unser Geist erschafft alles, das im Leben passiert, und die Schwierigkeiten meiner Jugendjahre verdeutlichten mir, dass diese Wahrheit alle Aspekte unseres Lebens durchdringt. Alle Ereignisse unseres Lebens entspringen der Saat, die wir säen. Selbst diejenigen, die glauben, sie hätten ihren Lebensweg alleine durch ihre Handlungen geformt, haben in Wirklichkeit sämtliches Auf und Ab ihres Lebens durch das erzeugt, was sie sich im Geist vorgestellt haben.

Es gibt zwar sehr wohl ein Schicksal, aber das ist nicht in Stein gemeißelt und vorherbestimmt. Vielmehr kann unsere Einstellung den Lauf unseres Lebens verändern. Der menschliche Geist ist sogar das Einzige, das das Schicksal verändern kann – wir erschaffen unser Leben selbst. In japanischen Begriffen heißt das *ritsumei* – den Lauf des eigenen Lebens der endgültigen Realität angleichen. Auf der Leinwand des Lebens malt jeder Mensch sein eigenes Bild mit den Farben seiner eigenen Gedanken. Die Farbe Ihres Lebens wird von dem Bild in Ihrem Geist bestimmt.

Wenn man nie aufgibt, ist der Erfolg garantiert

Diejenigen, die im Leben mit neuen Unternehmungen Erfolg haben, sind solche, die ernsthaft an ihr Potenzial glauben. *Potenzial* heißt dabei »zukünftige Fähigkeit«. Wenn man seine inhärente Fähigkeit nach dem beurteilt, was man in der Gegenwart kann, wird man nie etwas Neues erreichen oder eine neue Herausforderung meistern. Wenn man an sein eigenes Potenzial glaubt und sich ein Ziel setzt, das die gegenwärtigen Fähigkeiten übersteigt, muss man sein Begehren, es zu erreichen, ständig am Brennen halten und alle Energie darauf richten, dieses Ziel in der Zukunft zu erreichen. Das führt zum Erfolg und erweitert den Bereich unserer Fähigkeiten.

Als Kyocera seinen ersten großen Lieferauftrag von IBM erhielt, waren die Vorgaben für die zu liefernden Teile unglaublich streng. Damals bestanden die Spezifikationen meist aus einer einzigen technischen Zeichnung, aber die von IBM waren so ausführlich und detailliert, dass sie ein ganzes Buch gefüllt hätten.

KAPITEL 1

Wie oft wir auch versuchten, diese Vorgaben zu erfüllen – unsere Probelieferungen wurden immer abgelehnt. Wir dachten immer wieder, »Diesmal haben wir es aber geschafft!«, nur um erneut zurückgewiesen zu werden.

Nicht nur waren die Genauigkeitsvorgaben bei IBM um eine Zehnerpotenz strenger, als wir es sonst gewohnt waren, sondern uns fehlte auch die Ausrüstung, um überhaupt so präzise zu messen. Ehrlich gesagt fürchtete ich oft, dass uns einfach die Technik fehlte, um den Auftrag auszuführen. Für ein kleines, unbekanntes Unternehmen wie unseres war diese Gelegenheit, unsere urheberrechtsgeschützte Technik zu verbreiten und unseren Namen bekannt zu machen, aber einfach zu gut, um sie zu verpassen. Ich beschwor unsere verzweifelten Mitarbeiter, sich ganz in dieses Projekt zu stürzen, sich alle nur erdenkliche Mühe zu geben und alle unsere technischen Möglichkeiten auszunutzen. Die Ergebnisse blieben ungenügend. Nachdem wir alle denkbaren Wege ausgeschöpft hatten, die Projektvorgaben zu erfüllen, fragte ich den Verantwortlichen sogar: »Haben Sie gebetet?« Ich wollte sichergehen, dass wir wirklich alles getan hatten und jetzt nur noch auf den Eingriff der Vorsehung hoffen konnten.

Schließlich gelang es uns mit wiederholten übermenschlichen Anstrengungen doch noch, ein »scharfes« Produkt zu entwickeln, das den IBM-Spezifikationen entsprach. Zwei Jahre lang lief unsere Produktion auf Volllast, um eine riesige Menge Teile fristgerecht an IBM zu liefern. Als ich den Lkw mit der letzten Ladung abfahren sah, dachte ich, dass die Möglichkeiten menschlichen Talents wirklich unbegrenzt sind. Wenn man all seine Leidenschaft auf ein scheinbar unmöglich zu erreichendes Ziel richtet

UNSERE WÜNSCHE VERWIRKLICHEN

und an nichts anderes denkt, als es zu erreichen, erweitern sich die eigenen Möglichkeiten in erstaunlicher Weise. Die Anstrengung weckt unsere latenten Fähigkeiten und lässt sie erblühen. Man muss daher immer zukunftsgerichtet denken: Der Mensch, der ich jetzt bin, wird vielleicht keinen Erfolg haben, aber mein zukünftiges Ich kann es. Wir müssen an die ungenutzten Kräfte glauben, die in uns schlummern.

Als ich den IBM-Auftrag für Kyocera annahm, wusste ich, dass wir die technischen Voraussetzungen dafür nicht erfüllten. In diesem Sinn war meine Zusage verantwortungslos. Ich machte das allerdings immer so. Schon in den Anfangstagen unserer Firma nahm ich oft Aufträge an, die große Hersteller abgelehnt hatten, weil sie das Projekt für zu schwierig hielten. Für eine neu gegründete kleine Firma ohne Referenzen waren solche Aufträge allerdings oft die einzigen, die zu bekommen waren. Natürlich gab es keine Garantie, dass wir einen Auftrag, den renommierte Großunternehmen mit guter technischer Ausstattung abgelehnt hatten, bewältigen konnten, aber ich gebrauchte das Wort *unmöglich* grundsätzlich nicht. Ich sagte auch nicht, wir würden es versuchen. Ich erklärte stets, wir würden es schaffen.

Wenn ich dann den Mitarbeitern den neuen Auftrag verkündete, waren sie regelmäßig entsetzt. Ich war immer überzeugt, dass wir ihn erfolgreich durchziehen würden. Ich gab immer einige mögliche Ansätze vor und schilderte möglichst mitreißend, wie positiv sich ein erfolgreicher Abschluss des Auftrags auf unser Unternehmen auswirken würde, in der Hoffnung, dass alle Beteiligten sich dadurch der Herausforderung stellen und an ihr wachsen würden. Immer wenn Probleme auftraten, sagte ich den

Mitarbeitern: »*Unmöglich* ist nur ein Zwischenhalt auf dem Weg zum Erfolg. Ich weiß, dass wir es schaffen können, wenn wir alles geben und es bis zum Ende durchziehen.«

Vielleicht war es unlauter von mir, unseren Kunden zu sagen, wir würden es schaffen, wenn es unmöglich schien. Aber wenn man sich etwas scheinbar Unmöglichem gegenübersieht, muss man sich eben mit Fleiß und Leidenschaft hineinstürzen, bis nichts mehr zu tun bleibt, als abzuwarten, dass die Vorsehung einem die Hand reicht, und dann verwandelt der Erfolg das voreilige Versprechen in eine Tatsache. Wenn ich von meinen Fähigkeiten im Futur sprach, habe ich drei von vier Malen erfolgreich das Unmögliche möglich gemacht.

Wiederholtes Bemühen macht das Gewöhnliche außergewöhnlich

Kazuo Murakami, emeritierter Professor an der Universität Tsukuba und angesehener Genetiker, erklärt ganz einfach die »übermenschliche« Kraft, die manche Menschen in Notsituationen aufbringen. Das Potenzial übermenschlicher Kraft ist im Menschen angelegt, aber weil das Gen, das sie freisetzt, abgeschaltet ist, ruht diese Kraft normalerweise. Wenn das Gen eingeschaltet wird, können wir aber auch unter gewöhnlichen Umständen auf übermenschliche Kraft zurückgreifen. Außerdem, so Murakami, verstärken positives Denken und eine konstruktive Geisteshaltung unsere Fähigkeit, den Schalter, der unsere angeborenen, aber schlafenden Kräfte steuert, zu betätigen, beträchtlich. Die genetische Forschung bekräftigt also das Konzept, dass man durch seine Einstellung sein Potenzial bedeutend erweitern kann.

UNSERE WÜNSCHE VERWIRKLICHEN

Aber was ist unser Potenzial? Aus einer genetischen Perspektive betrachtet liegt alles, was man sich vorstellen und wünschen kann, im Bereich des Möglichen. Mit anderen Worten – wir besitzen die angeborene Fähigkeit, unsere Ziele zu verwirklichen. Entscheidend ist dabei allerdings, sich nicht nur hochgesteckte Ziele zu setzen, sondern diese Ziele dann auch mit beständigem, stetigem Bemühen anzustreben.

Als Kyocera noch ein kleiner Betrieb mit weniger als 100 Mitarbeitern war, erklärte ich kühn, dass unser Unternehmen zum besten der Welt aufsteigen werde. Ich stellte mir das nicht als visionäres Fernziel vor, sondern als ein leidenschaftliches Begehren, das ich unbedingt verwirklichen wollte. Wie hoch wir mit unseren Zielen aber auch greifen – wir müssen dabei immer mit beiden Beinen auf dem Boden bleiben. Seine Ziele und Träume sollte man kühn ansetzen, aber die Realität des Alltags verlangt, dass wir unser Bestes geben, wenn es um einfaches, kontinuierliches Bemühen geht, darum, die anfallenden Probleme eines nach dem anderen zu bewältigen, sodass man an jedem Tag einen Schritt weiter als am vorigen ist.

Ich habe mich oft gefragt, ob Kyocera es wirklich bis an die Spitze schaffen würde, und fühlte mich vom Abstand zwischen meinem Traumziel für das Unternehmen und der Realität überwältigt. Aber das Leben ist schließlich die Summe aller gegenwärtigen Momente und die Fortsetzung des Jetzt. Die Ansammlung von Sekunden wird zum Tag; die der Tage wird eine Woche, ein Monat, ein Jahr; und bevor wir es uns versehen, stehen wir auf einem Gipfel, der einmal unerreichbar schien. Das ist das Leben.

KAPITEL 1

Selbst wenn wir es eilig haben, in die Zukunft zu gelangen und ihre Früchte zu genießen, kommt das Morgen aber nicht, bevor wir das Heute gelebt haben. Es gibt keine Abkürzung zu dem Ziel, das wir uns im Geist ausmalen. Eine lange Reise geht immer Schritt für Schritt vonstatten, und ein großer Traum wird nur nach und nach erreicht, Tag für Tag. Wenn wir jeden Tag voll und ernsthaft ausnutzen, anstatt ihn zu verschwenden, kommt das Morgen ins Blickfeld. Wenn wir alles geben, um den kommenden Tag voll auszunutzen, kommt die nächste Woche ins Blickfeld. Und wenn wir diese Woche voll ausnutzen, bekommen wir den ganzen Monat ins Blickfeld ... Mit anderen Worten – wenn wir alle unsere Energie darauf konzentrieren, jeden Augenblick voll auszukosten, anstatt ständig zu versuchen, übereilt voranzukommen, kommt die Zukunft in unser Blickfeld, ohne dass wir uns anstrengen müssen, sie zu sehen.

Das ist das Tempo, in dem ich mein Leben verbringe: langsam, aber stetig, wie die Schildkröte, die am Ende schneller als der Hase ist. Durch beständiges, anhaltendes Bemühen ist Kyocera zu seiner heutigen Bedeutung herangewachsen, und so wurde ich vom unbekannten Ingenieur zum angesehenen Geschäftsmann. Es ist sehr viel besser, sich zu bemühen, jede Sekunde jedes einzelnen Tages voll auszukosten, als Zeit damit zu verschwenden, sich Sorgen über das Morgen zu machen oder vorausahnen zu wollen, was die Zukunft bringt. Es ist die beste Methode, seine Träume zu verwirklichen.

Tägliche Innovationen bewirken dramatische Fortschritte

Ich halte nicht viel von cleveren Menschen, weil sie gewöhnlich das Heute vernachlässigen. Mit ihrer Intelligenz können sie in die Zukunft schauen, aber genau wie der Hase suchen sie den schnellsten Weg zu ihrem Ziel, anstatt einfach jeden Tag auszuleben, gemächlich, aber unaufhaltsam wie die Schildkröte. In ihrer Ungeduld, Erfolg zu erringen, stolpern und fallen die Cleveren oft. Viele brillante Mitarbeiter, die bei Kyocera anfingen, hörten nach kurzer Zeit wieder auf, weil sie glaubten, unser Unternehmen habe keine Zukunft. Wer blieb, waren die normalen, nicht besonders schlauen oder scharfsinnigen Mitarbeiter, solche, die nicht gewitzt genug waren, sich einen anderen Job zu suchen. Aber wie oft habe ich dann diese langsamen Denker in Führungspositionen aufsteigen sehen. Nach zehn oder 20 Jahren gehörten sie zur Unternehmensleitung.

Es ist die Fähigkeit, sich ohne Klagen abzurackern, nie aufzugeben, jeden Tag sein Bestes zu geben, die gewöhnliche Menschen außergewöhnlich macht. Es sind diese außergewöhnlich gewöhnlichen Menschen, die ihre Träume verwirklichen und ihre Ziele erreichen, indem sie Schritt für Schritt, Tag für Tag, ernsthaft und stetig weiterarbeiten, anstatt eine Abkürzung zum Ziel zu suchen.

Stetiges Bemühen ist wichtig, aber das heißt nicht, dass man nur immer wie gewohnt weitermachen sollte. Stetigkeit ist nicht dasselbe wie Wiederholung. Anstatt geistlos den Ablauf des vorigen Tages zu wiederholen, sollte man sich vielmehr bemühen, das Morgen gegenüber dem Heute zu verbessern und morgen immer eine Verbesserung im Ablauf gegenüber heute anzubringen.

KAPITEL 1

Diese kreative Einstellung zum Fortschritt beschleunigt den Weg zum Erfolg. Als Ingenieur bin ich darauf trainiert, mich ständig zu fragen, ob meine Ergebnisse gut genug sind oder ob es eine bessere Methode gibt. Wenn man sich seine Tätigkeit aus diesem Blickwinkel anschaut, sieht man selbst in den alltäglichsten Abläufen ein unendliches Innovationspotenzial.

Nehmen wir zum Beispiel die Fußbodenreinigung. Man kann einen Besen nehmen und fegen, wie gewohnt. Man kann sich aber auch fragen, wie man den Fußboden gründlicher und schneller reinigt, zum Beispiel mit einem Wischmopp, oder man kann Mittel beantragen, um einen Staubsauger anzuschaffen. Oder man kann alle Reinigungsmethoden in verschiedener Abfolge oder in verschiedenen Verfahren ausprobieren, um herauszufinden, wie man den Fußboden am effektivsten säubert. Wie gering auch immer die Aufgabe sein mag – auf lange Sicht sieht man einen verblüffenden Unterschied zwischen denjenigen, die ständig versuchen, ihre Arbeitsabläufe zu verbessern, und den anderen. Im Fall der Fußbodenreinigung wird der Innovative vielleicht schließlich seine eigene Firma aufziehen, die Reinigungsaufträge für große Gebäude an Land zieht, während der andere Mitarbeiter, der nur gedankenlos sein Reinigungssoll erfüllt und, ohne an Verbesserungen zu denken, einfach nur putzt.

Sich jeden Tag um kleine Verbesserungen zu bemühen, macht am Ende einen großen Unterschied. Der Schlüssel zum Erfolg besteht darin, niemals an der Straße zu kleben, die man zu gehen gewohnt ist.

Auf die Stimme Gottes hören

Gott wohnt am Arbeitsplatz. Es kommt vor, dass man sich trotz aller Anstrengungen in der Arbeit verrennt und einem nichts mehr einfällt, um ein Problem zu lösen. In einer solchen Sackgasse erreicht man allerdings oftmals erst den wahren Anfangspunkt. Sackgassen geben einem die Chance, innezuhalten und die eigene Objektivität für eine Neubewertung der Situation zurückzugewinnen.

Ich sprach einmal mit Kohei Nakabo, einem japanischen Anwalt, der als Verteidiger bei vielen aufsehenerregenden Prozessen gedient hat, unter anderem bei den Klagen der Opfer arsenverunreinigter Babynahrung gegen Morinaga & Co. in den 1970er-Jahren und der Investoren im Toyota-Shoji-Goldbetrugsfall Anfang der 1980er-Jahre, die um über 200 Milliarden Yen betrogen worden waren. Als ich Nakabo fragte, was für ihn am wichtigsten sei, um erfolgreich zu arbeiten, erwiderte er: »Alle Schlüssel zur Lösung des Falls befinden sich am Tatort. Dort ist Gott.« Wir arbeiten zwar auf ganz verschiedenen Gebieten, aber was er sagte, gilt auch für mich. Nakabos Aussage bestätigte meine Überzeugung, dass es für eine erfolgreiche Karriere entscheidend ist, sich für die Arbeit zu engagieren und stets aufmerksam zu sein.

In der Fabrikation bedeutet das, dass wir jeden Aspekt unserer Arbeit bewerten müssen, also das Produkt, die Herstellungsmaschinen, die Rohmaterialien, die Methoden und auch die Abläufe, und sie mit offener und demütiger Geisteshaltung untersuchen müssen. Wir müssen weit mehr tun, als nur unsere Ergebnisse physisch zu überprüfen oder wieder von vorne anzu-

KAPITEL 1

fangen. Vielmehr müssen wir unseren Geist und Körper völlig auf das Produkt und den Arbeitsplatz einstimmen und sorgfältig zuhören. Wenn man das schafft, hört man die Stimme Gottes, wie sie einem Hinweise zuflüstert, was als Nächstes zu tun ist. Ich nenne das »auf das Produkt hören«.

Keramikprodukte entstehen, indem man pulverisierte Metalloxide in Formen presst, die dann bei hohen Temperaturen im Schmelzofen gebrannt werden. Der Vorgang gleicht der Porzellanherstellung, ist aber ungleich präziser, weil die Produkte für die Elektronikindustrie gedacht sind und daher keine Fehler aufweisen dürfen. Nicht die kleinste Variation oder Verformung darf vorkommen, weil sie die Elektronik außer Funktion setzen würde. Kurz nach der Gründung von Kyocera erhielten wir den Auftrag für ein neues Keramikprodukt. Jedes Mal kamen die gepressten Rohlinge verformt und verzogen aus dem Brennofen zurück. Nach vielen Versuchen fanden wir schließlich heraus, dass unser Verfahren zur Einpressung des Pulvers in die Formen verschiedene Dichten an der Ober- und Unterseite des Produkts zur Folge hatte, was beim Brennen zu Verformungen führte.

Damit hatten wir zwar die Ursache gefunden, aber noch keine Methode, um eine völlig einheitliche Dichte im gepressten Pulver zu erreichen. Wir versuchten alles Mögliche – ohne Erfolg. Weil ich mir direkt anschauen wollte, was im Ofen während des Brennvorgangs ablief, schaute ich durch ein Inspektionsloch zu. Die Temperatur stieg, und das Material begann sich zu verdrehen und zu verziehen. Jedes Mal dasselbe, wenn wir den Rohling brennen wollten. Ich hielt es kaum aus, mir das anzuschauen. Ich hätte am liebsten geschrien, »Hör auf, dich zu verformen!«, und in den Ofen gegriffen, um den Rohling festzuhalten, obwohl ich natürlich wusste, dass er über 1000 Grad Betriebstemperatur hatte. So wichtig war mir das Produkt. Dieses Gefühl entsprang nicht nur meinem leidenschaftlichen Engagement als Ingenieur bei der Entwicklung, sondern auch dem Bewusstsein, dass sich die Firma ein Scheitern des Auftrags nicht leisten konnte. Wie sich dann herausstellte, führte gerade mein irrationaler Drang, den Rohling festzuhalten, damit er sich nicht verzog, zur Lösung des Problems. Es war die Antwort des Produkts auf meine drängende Frage. Als wir den Rohling mit einem hitzebeständigen Gewicht beschwerten, um ihn daran zu hindern, sich zu verformen, kam er völlig flach aus dem Ofen zurück.

Derlei Erfahrungen haben mich zu dem Glauben gebracht, dass die Lösungen, die wir suchen, am Arbeitsplatz bereits vorhanden sind. Um sie zu finden, müssen wir mit einer Leidenschaft und Intensität an die Arbeit, die stärker als die aller anderen sind. Außerdem müssen wir scharf und geduldig beobachten. Nur wenn wir dem Produkt unsere Ohren und Herzen öffnen und stets unseren Blick darauf gerichtet halten, können wir hören, was es zu sagen hat, und die richtige Lösung finden.

Ich weiß, wie unwissenschaftlich das klingt, aber meiner Erfahrung nach reagiert auch das, was wir als anorganische Materie betrachten, etwa ein Produkt oder der Arbeitsplatz, auf die Intensität unserer Empfindungen und unserer Aufmerksamkeit, indem es lebendig wird und mit wortloser Stimme zu uns spricht. Wenn Materie auf das Herz reagiert, können wir unser Ziel erreichen, im Gebiet der Produktentwicklung also ein wirklich scharfes Produkt erschaffen.

KAPITEL 1

Freiwillig immerwährend aufmerksam

Die Kyocera Group stellt Drucker und Kopierer her, in denen lichtempfindliche Walzen aus amorphem Silizium eingesetzt werden. Diese Walzen sind weit härter und folglich langlebiger als konventionelle. Sie können während der gesamten Lebensdauer des Geräts durchgehend eingesetzt werden, zehnmal länger als konventionelle, und sind dadurch auch sehr viel umweltschonender.

Kyocera war der erste Hersteller, dem die Massenproduktion dieser Walzen gelang. Sie entstehen, indem man einen dünnen Siliziumfilm auf eine polierte Aluminiumröhre aufträgt. Die Beschichtung muss völlig gleichmäßig aufgetragen werden, um empfindlich genug zu werden. Das ist extrem schwierig. Schon Unebenheiten von nur 0,001 Millimeter sind zu viel. Drei Jahre nach Beginn des Forschungs- und Entwicklungsprozesses gelang es uns endlich, die Walze mit der notwendigen Gleichmäßigkeit zu beschichten – ein einziges Mal. Wir konnten den Vorgang nicht wiederholen. Damit war die Technologie noch nicht reif für die Massenproduktion.

Damals arbeiteten viele unserer Mitbewerber weltweit an ähnlichen Prozessen, aber auch ihnen waren noch keine produktionsreifen Walzenprototypen gelungen. Ich war dicht davor aufzugeben, wollte es aber auf einen allerletzten Versuch ankommen lassen. Wir fingen noch einmal ganz von vorne an und sahen uns den Herstellungsprozess genau an. Bestimmt würde uns etwas Entscheidendes auffallen, wenn wir beim Auftragen des Siliziumfilms darauf hörten, was uns das Produkt sagen wollte. Ich wies die verantwortlichen Ingenieure an, auf jedes kleinste Detail und alle Abläufe bei der Herstellung zu achten, wie unwichtig sie auch erscheinen mochten.

Eines Abends schaute ich bei einem der Ingenieure vorbei. Anstatt aufmerksam die Herstellungsabläufe zu beobachten, machte er ein Nickerchen in seinem Sessel. Ich konnte nicht hören, was das Produkt zu sagen hatte, sondern nur sein Schnarchen. Ich löste ihn durch einen anderen ab, den ich als aufmerksamen Beobachter kannte. Außerdem verlegte ich das Kyocera-Labor von Kagoshima nach Shiga und besetzte das Team völlig um. Ich ernannte einen neuen Teamleiter und beförderte viele Neulinge. Indem ich das Forschungsteam, das seit Jahren in dieser Besetzung zusammengearbeitet hatte, völlig neu aufstellte, ging ich zwar ein großes Risiko ein, aber es zahlte sich aus. Der Erfolg kam prompt; nach weniger als einem Jahr lief die Massenfertigung der neuen Walzen. Das neue Team hatte, was dem alten fehlte: starkes Engagement für die Arbeit und das Produkt und die Leidenschaft für ein aufmerksames Beobachten des Fertigungsprozesses. Diesen rigorosen Einsatz braucht man, um neue, überlegene Produkte zu entwickeln.

Es gibt in der japanischen Sprache den Ausdruck »freiwillige Aufmerksamkeit«, was bedeutet, dass man bewusst aufmerksam ist und sein ganzes Bewusstsein, jeden Nerv im Körper auf ein Ziel richtet, das man sich gesetzt hat. Wenn man ein Geräusch hört und in die betreffende Richtung schaut, ist das ein rein biologischer Reflex; mit anderen Worten, es ist unwillkürliche Aufmerksamkeit. Freiwillige Aufmerksamkeit dagegen heißt, dass man seine Wahrnehmung bewusst auf alles in der Umgebung richtet, auch auf die unwichtigsten Einzelheiten. Die Art

KAPITEL 1

Aufmerksamkeit, die mein Team bei Kyocera anwandte, um die Massenherstellung von Kopierwalzen zu verfeinern, erfordert ständige freiwillige Aufmerksamkeit. Es genügt nicht, einfach nur geistesabwesend zuzuschauen.

Der Philosoph Tempu Nakamura, den ich im Vorwort erwähnt habe, hat gesagt, »Das Leben ist sinnlos, außer wenn es mit freiwilliger Aufmerksamkeit gelebt wird«. Unsere Aufmerksamkeitsspanne ist begrenzt, sodass wir unsere Aufmerksamkeit nur schwer auf eine Sache richten können. Wenn wir uns allerdings bemühen, konzentriert zu bleiben, wird die freiwillige Aufmerksamkeit langsam zur Gewohnheit, und wir entwickeln die Fähigkeit, das Wesentliche eines Vorgangs zu erfassen und ihn zutreffend zu beurteilen.

Früher blieb ich, wenn ich sehr beschäftigt war, oft im Vorbeigehen kurz in der Produktionshalle stehen, um einen Mitarbeiter nach dem Stand seiner Arbeit zu fragen oder ihm Anweisungen zu geben, aber das führte zu Problemen. Die Mitarbeiter erklärten dann nachher oft, mir etwas mitgeteilt zu haben, ohne dass ich mich daran erinnern konnte. Nachdem mir das ein paarmal passiert war, fing ich an, solche Gespräche in einem gesonderten Raum oder einer ruhigen Ecke zu führen, wo ich mich darauf konzentrieren konnte, was der andere sagte.

Freiwillige Aufmerksamkeit ist wie eine Übung. Sie funktioniert dann am besten, wenn sich alle Kraft auf einen einzigen Punkt konzentriert. Wenn man all seine Aufmerksamkeit auf ein einziges Ziel richtet, das ist der Zweck der Übung, erreicht man es auch. Konzentration entsteht aus der Stärke, der Tiefe und dem Gewicht unserer Gedanken. Jede Leistung, die je erbracht worden ist, begann mit dem Wunsch, sie zu erreichen. Ob man Erfolg hat oder scheitert, hängt davon ab, wie leidenschaftlich und hartnäckig man dieses Verlangen aufrechterhält und wie ernsthaft man auf sein Ziel hinarbeitet.

Ehrgeizige Träume führen zum Erfolg im Leben

Bisher haben wir uns damit befasst, die Macht des Verlangens zu verstehen und sie bewusst einzusetzen. Die Grundlage für den Einsatz dieser Kraft und das Erzielen großer Leistungen in Arbeit und Leben sind große Träume. Träum drauflos. Sei ehrgeizig. Verlange mit Leidenschaft.

Man mag entgegnen, dass es schon hart genug ist, den Alltag durchzustehen, und man gar keine Zeit hat, zu träumen oder zu hoffen, aber die Träume derjenigen, die die Kraft aufbringen, ihr Leben in die Hand zu nehmen, sind extrem ehrgeizig; sie begehren grundsätzlich Ziele außerhalb ihrer Reichweite. Das gilt auch für mich. Die Triebkraft, die mich so weit gebracht hat, war die Größe meiner Träume und Ziele.

Wie schon gesagt, wollte ich Kyocera, als ich das Unternehmen gründete, zum weltweit führenden Keramikhersteller machen und habe das meinen Mitarbeitern auch wiederholt gesagt. Ich hatte weder eine konkrete Strategie noch genaue Voraussagen für die Erreichung dieses Ziels. Damals war es völlig unrealistisch, aber ich erzählte den Angestellten bei jeder Gelegenheit von meinem Traum. Dadurch machte ich diesen Traum zum Ziel der gesamten Belegschaft, und dadurch konnte er verwirklicht werden.

Kein Traum wird wahr, wenn wir ihn nicht träumen, und nur die Träume, deren Verwirklichung wir ersehnen, können wahr werden. Kyocera wurde schließlich wirklich zum Marktführer in seiner Branche, weil unser Verlangen so intensiv war, dass es in unser Unterbewusstsein vordrang, weil wir unseren Traum offen aussprachen und unser Handeln auf seine Verwirklichung konzentrierten. Je größer der Traum, desto länger kann es dauern, ihn zu verwirklichen. Wenn man sich aber immer wieder vorstellt, wie der verwirklichte Traum aussehen wird, wenn man sich immer wieder in Farbe und aller Deutlichkeit vorstellt, wie es ist, ihn zu verwirklichen, sieht man auch, wie man das Ziel erreichen kann, und stößt auf viele Ideen dafür, selbst in der Alltagsroutine.

Manchmal kommt die Inspiration zur Verwirklichung eines Traums unerwartet bei einem scheinbar unbedeutenden Ereignis, etwa wenn man eine Straße entlanggeht, sich bei einer Tasse Tee entspannt oder mit einem Freund spricht. Viele Leute sehen diese Inspirationen, die ihnen das Leben anbietet, begreifen sie aber nicht. Der Unterschied zwischen denjenigen, die wichtige Ideen entdecken, und den anderen ist Aufmerksamkeit. Schon vor Newton haben viele Leute Äpfel von Bäumen fallen sehen, aber nur er entdeckte in dieser Erscheinung das allgemeingültige Gesetz der Schwerkraft. Er hatte Erfolg, weil sein leidenschaftliches Verlangen nach einer Lösung des Problems bis in sein Unterbewusstsein vorgedrungen war.

Wie schon gesagt, empfangen wir die göttliche Inspiration, die Quelle aller kreativen Errungenschaften, nur dann, wenn wir die Flamme des Verlangens am Brennen halten. Daher darf man, wie alt man auch werden mag, nie aufhören, über seine Träume zu reden und hoffnungsvoll in die Zukunft zu schauen. Ohne Träume kann man nicht kreativ sein, Leistungen erbringen oder als Mensch wachsen. Der Charakter wird durch die Visualisierung der Träume, das unaufhörliche Ausprobieren kreativer Innovationen und ständiges, fleißiges Bemühen herangebildet. Träume und Wünsche sind damit das Sprungbrett ins Leben.

KAPITEL 2

IN WAHRHEITEN UND PRINZIPIEN DENKEN

Einfache Wahrheiten und Prinzipien sind die besten

Die meisten Menschen halten alles für komplizierter, als es ist. Das Wesen der Dinge ist einfach. Selbst Dinge, die kompliziert erscheinen, bestehen aus einfachen Komponenten. Unsere Gene enthalten zum Beispiel die unglaubliche Menge von drei Milliarden Chromosomensequenzen, aber der genetische Code, aus dem die einzelnen Sequenzen bestehen, enthält nur vier Buchstaben, die Abkürzungen der einzelnen Aminosäuren. Das Gewebe der

KAPITEL 2

Wahrheit ist aus einem einzigen Faden gewoben. Je mehr man daher die Erlebnisse oder Erscheinungen des eigenen Lebens vereinfacht, desto näher kommt man seiner ursprünglichen Form – der Wahrheit. Wenn man sich etwas scheinbar Komplexem gegenübersieht, muss man es in möglichst einfache Teile zerlegen. Das ist ein Gesetz des Lebens, und es gilt auch im Geschäftsleben.

Die Wahrheiten und Prinzipien des Geschäftslebens sind extrem einfach. Ich werde oft gebeten, die Tricks meiner Branche zu offenbaren, das Geheimnis meines Erfolges, aber wenn ich dann meine Ansichten mitteile, sehe ich oft Enttäuschung im Gesicht der Fragesteller. Sie glauben einfach nicht, dass ich mit solchen selbstverständlichen, einfachen und primitiven Grundsätzen ein Unternehmen führen kann.

Als ich mit 27 Jahren Kyocera gründete, hatte ich bereits Erfahrung als Ingenieur, wusste aber nichts von Unternehmensmanagement. Probleme tauchten auf, Entscheidungen waren zu treffen. Als Unternehmenschef von Kyocera trug ich letztlich die Verantwortung für alle Entscheidungen und Problemlösungen. Ich musste zeitnah entscheiden, auch wenn es sich um eine Abteilung wie Verkauf oder Buchhaltung handelte, von deren Arbeit ich gar nichts verstand. Unterlief mir ein Fehler auch nur bei einem der kleinsten Probleme Kyoceras, gefährdete ich womöglich die Zukunft des ganzen Unternehmens. Dabei war ich Ingenieur, kein Geschäftsmann. Ich wusste nicht, worauf ich meine Entscheidungen gründen sollte, und hatte keine Erfahrung, die mir sagte, wie der nächste Schritt aussehen könnte. Was sollte ich nur tun?

Nach viel Grübelei entschloss ich mich schließlich, meine Entscheidungen und Handlungen auf die einfachen Wahrheiten und Prinzipien zu gründen, die allgemein als Grundsätze menschlichen Anstands gelten. Wenn ich mich für das Richtige entscheide, sagte ich mir, müsste ich eigentlich damit weitermachen können und bis zum Ende immer das Richtige tun. Ich muss den Lebensregeln des gesunden Menschenverstands folgen, die mir meine Eltern und Lehrer beigebracht haben – die Wahrheit sagen und nicht lügen, freundlich statt gierig und rücksichtslos sein und so weiter.

Ich ging davon aus, dass die moralischen und ethischen Grundsätze, die Richtig von Falsch unterscheiden, gute Taten von schlechten und akzeptables von inakzeptablem Verhalten, auch auf Management und Entscheidungsfindung anzuwenden waren. Schließlich besteht Unternehmensführung im Grunde auch nur aus Kontakten mit anderen Menschen, und für geschäftliche Transaktionen sollten daher dieselben grundsätzlichen ethischen Standards wie für alle anderen menschlichen Kontakte auch gelten. Ich sagte mir, dass Leben und Geschäftsleben denselben Wahrheiten und Prinzipien folgen müssten, und wenn ich mich an die hielt, konnte ich nicht viel falsch machen – ein ganz einfaches Konzept.

Dieser Ansatz gab mir das Selbstvertrauen, bei allen Geschäftstransaktionen stets offen und fair zu bleiben, und ich glaube, genau dadurch ist Kyocera dann so erfolgreich geworden.

Eine Lebensphilosophie als Richtschnur

Die einfachen Wahrheiten und Prinzipien, die uns sagen, wie man sich als Mensch richtig verhält, bilden eine Lebensphilosophie, die aus der praktischen Erfahrung stammt anstatt aus

KAPITEL 2

verwickelten Spekulationen von Schreibtischgelehrten. Diese Philosophie gibt uns die Richtlinien an die Hand, um unseren Weg durch Ungewissheit, Verzweiflung und Schwierigkeiten zu finden.

Im Leben steht man ständig Situationen gegenüber, die eine Entscheidung erfordern. Ob zu Hause oder bei der Arbeit, ob man einen Job oder einen Lebenspartner sucht, ständig muss man sich entscheiden. Das Leben ist die Ansammlung solcher Entscheidungen, ein ständiger Auswahlprozess. Die Gegenwart ist das Ergebnis der Entscheidungen, die wir bisher getroffen haben, und die Entscheidungen, die wir ab jetzt treffen, bestimmen den Rest unseres Lebens. Mit festen Wahrheiten und Prinzipien als Richtschnur haben wir es sehr viel leichter, die richtigen Entscheidungen zu treffen. Sich ohne Leitlinien entscheiden zu müssen, ist wie das Navigieren ohne Kompass, und ohne eine grundlegende Philosophie zu handeln, bedeutet, ohne Licht durch das Dunkel zu laufen. Eine Philosophie – man kann sie auch ethische oder moralische Werte nennen – dient als Orientierung im Leben, als Ausgangspunkt, an den wir zurückkehren können, wenn wir uns verirren.

KDDI ist heute einer der größten Telekommunikationsanbieter in Japan. Er entstand Ende 2000 aus der Verschmelzung dreier Firmen: DDI (Daini Denden), der Firma, die ich ursprünglich gegründet hatte, KDD (Kokusai Denshin Denwa), dem größten internationalen Telekommunikationsanbieter Japans, und IDO (Nippon Idou Tsushin Corporation), einer Toyota-Tochter. Nach diesem Merger konnten wir mit NTT (Nippon Telegraph and Telephone Corporation) konkurrieren, einem ehemals staatlichen Branchenriesen.

IN WAHRHEITEN UND PRINZIPIEN DENKEN

Zuvor hatten DDI und IDO dasselbe Mobiltelefonnetz betrieben. Weil sie aber den japanischen Markt unter sich aufgeteilt hatten und jeder der beiden nur das halbe Land abdeckte, konnten weder DDI noch IDO jemals als ernsthafte Konkurrenz für die Mobilsparte von NTT auftreten, NTT DoCoMo, die allein durch ihre schiere Größe den Markt kontrollierte. Dadurch hatte NTT DoCoMo praktisch ein Monopol und setzte das Konkurrenzprinzip außer Kraft. Den Kunden wurden so die Vorteile verbesserter Services und niedrigerer Kosten vorenthalten. Deshalb hatte ich den Unternehmenszusammenschluss vorgeschlagen.

Welche Art Merger aber war hier am besten? Sollte eines der Unternehmen die anderen beiden schlucken, oder sollten sich alle drei gleichberechtigt zusammenschließen? Beispiele gleichberechtigter Zusammenschlüsse von Banken und anderen Unternehmen in der Vergangenheit zeigten mir, dass die Beteiligten gleichberechtigter Zusammenschlüsse gewöhnlich in lange Kämpfe um die Vorherrschaft im neuen Unternehmen gerieten. Nach langem Nachdenken schlug ich schließlich vor, dass DDI die Koalition anführen sollte, und zwar nicht, weil ich für mich selbst eine Machtposition anstrebte oder meinem eigenen Unternehmen einen Vorteil verschaffen wollte. Der Vorschlag beruhte vielmehr auf der objektiven Einschätzung, dass DDI von den drei Beteiligten die besten Geschäftsergebnisse und das stärkste Management hatte.

Die Wahrheiten und Prinzipien, nach denen sich Unternehmen richten, sollten nicht Gewinnstreben oder den Wunsch nach Ruhm zum Ziel haben, sondern den Menschen und der Gesellschaft zum Vorteil dienen. Der Öffentlichkeit die besten Produkte und Dienstleistungen zur Verfügung zu stellen, sollte stets das Grundprinzip des Managements sein. Wenn die künftige KDDI dieses Prinzip einhalten wollte, würde ein einfacher Zusammenschluss aller drei Beteiligten nicht genügen. Wir würden die Verantwortlichkeiten im Management deutlich festlegen müssen, um sicherzustellen, dass das neue Unternehmen so schnell wie möglich in Gang kam, und wir würden für eine langfristig stabile Geschäftsführung sorgen müssen. Ohne diese wesentlichen Voraussetzungen wären wir nicht konkurrenzfähig und könnten den Kunden und der Gesellschaft nicht dienen.

Diese objektive Ansicht war die Grundlage meiner Schlussfolgerung, dass es die beste Lösung wäre, wenn DDI die Initiative ergriff und beim Merger führte. Ich legte den anderen Beteiligten die Gründe für meinen Vorschlag offen und ernsthaft dar, einschließlich meiner Vision für die Telekommunikationsbranche in Japan. Weiter schlug ich vor, dass Kyocera einen etwas größeren Anteil an den Aktien bekommen solle, obwohl der größte Anteilseigner sowohl bei IDO wie bei KDD Toyota war. Weil alle Beteiligten mit Ernst und Leidenschaft bei der Sache waren, kam der Zusammenschluss zustande, und das neue Unternehmen KDDI wuchs rasch. Diesen Erfolg hatten wir dem Prinzip zu verdanken, die Interessen anderer an die erste Stelle zu setzen.

Stehen Sie zu Ihren Prinzipien, ohne auf Trends zu achten

Eine solide Philosophie, die auf Wahrheiten und Prinzipien beruht, zu entwickeln und sich nach ihr zu richten, führt am Ende zu Erfolg und einem nutzbringenden Leben, aber der Weg dorthin ist alles andere als leicht und locker. Im Gegenteil, es ist ein steiniger Weg, der Selbstdisziplin und Beherrschung erfordert und oft mit Leiden, manchmal sogar mit Verlust verbunden ist. Wenn man den steinigen Weg geht und an eine Kreuzung gelangt, muss man die Abzweigung nehmen, die auf den richtigen Weg führt, auch wenn er dornig und weit entfernt von jeder persönlichen Belohnung ist, selbst wenn das bedeutet, sich ungeschickt und in dämlicher Ehrlichkeit durchs Leben zu arbeiten. Auf lange Sicht jedoch führt Handeln, das auf einer soliden Philosophie beruht, nie zu Verlusten. Auch wenn sie unvorteilhaft erscheinen mögen, werden Sie am Ende von ehrlichen Handlungen profitieren. Mit diesem Ansatz weichen Sie kaum je vom richtigen Weg ab.

Um dieses Konzept zu illustrieren, betrachten wir die Auswirkungen der Immobilienblase auf Japan. In den Jahren vor dem Platzen der Blase, das so viel Schaden anrichtete, dass wir die Nachwirkungen noch heute spüren, gerieten viele Firmen in Immobilienspekulationen. Diese Spekulationsgeschäfte trieben die Bodenpreise in die Höhe, und Firmen liehen sich große Summen, um sie in Immobilien zu investieren und die erwarteten hohen Gewinne zu kassieren. Wenn man sich die wirtschaftlichen Prinzipien hinter dem raschen, überproportionalen Anstieg der Immobilienpreise in Japan kühl und vernünftig ansieht, scheint es sehr seltsam, dass der Wert dieser Anlagen ohne jede eigene Anstrengung ständig steigen sollte, aber damals verhielten sich alle so, als sei das völlig normal. Als die Blase dann platzte, wurden die Grundstücke und Häuser, auf deren Wertsteigerung man gebaut hatte, oft genug zu Verbindlichkeiten, und viele Unternehmen fanden sich plötzlich tief verschuldet wieder. Im Nachhinein sieht man, dass die Verantwortlichen der Unternehmen, die sich in diese hemmungslose Bodenspekulation gestürzt hatten, eine starke Philosophie als Richtschnur gebraucht hätten, um die richtigen Entscheidungen für ihre Firmen zu treffen, ohne sich von kurzfristigen Trends mitreißen zu lassen.

Als die Bodenpreise noch stiegen, wurde Kyocera von vielen Seiten gedrängt, die finanziellen Reserven, die wir durch harte Arbeit geschaffen hatten, in Immobilien anzulegen. Ein Banker, der glaubte, ich verstünde die Vorteile einfach nicht, die es brachte, in Immobilien zu investieren, erklärte mir detailliert, wie ich riesige Profite einsacken könne. Ich aber glaubte nicht daran, dass solche enormen Gewinne zustande kamen, einfach indem Land den Besitzer wechselte. Selbst wenn der Gewinn real war, stand er mir nicht zu. Ich wies solche Investmentangebote immer zurück, weil ich glaubte, dass leicht gewonnenes Geld auch genauso schnell wieder verschwindet. Echter Gewinn, so meine Überzeugung, lässt sich nur durch ehrliche harte Arbeit erzielen.

Das war ein einfacher Grundsatz, aber er beruhte auf den Leitlinien, die anständiges Verhalten definieren. Ich musste mich zwar sehr beherrschen, um nicht der Profitgier zu verfallen, aber es gelang mir, mich nicht von Geschichten über riesige Investmentgewinne einwickeln zu lassen. Wahren Erfolg erreicht man nur mit Rechtschaffenheit, und ob man ihn erreicht, hängt davon ab, ob man einer Philosophie folgt, die es wert ist, sich an sie zu halten, auch wenn man dabei Verluste in Kauf nehmen muss, und ob man entschlossen genug ist, um das Leiden zu akzeptieren, das dazugehört.

Wissen allein genügt nicht: Lebe nach deiner Philosophie

Nach einer Lebensphilosophie, die man als richtig erkannt hat, auch tatsächlich zu leben, ist leichter gesagt als getan. Anfälligkeit für Versuchungen und Selbstsucht gehören zur menschlichen Natur, außer man verfügt über große innere Stärke und Disziplin.

Vor vielen Jahren, als Kyocera seinen Managern zum ersten Mal Firmenwagen mit Chauffeur zur Verfügung stellen konnte, stellte einer der Manager, als er zum Feierabend nach Hause gefahren werden wollte, fest, dass der Wagen nicht da war. Der verantwortliche Werksleiter hatte angenommen, dass der Manager Überstunden machen würde, und den Wagen in der Zwischenzeit einem überlasteten Verkaufsrepräsentanten zur Verfügung gestellt, der sonst nicht alle Termine geschafft hätte. Der Manager war wütend und wollte wissen, wieso ein einfacher Verkaufsrepräsentant seinen Wagen bekam.

Als ich davon erfuhr, bat ich den Betreffenden zu mir. »Den Firmenwagen haben Sie nicht wegen Ihres Rangs im Unternehmen«, erklärte ich ihm. »Wir haben diesen Service eingeführt, damit Leute, die besonders wichtige Aufgaben für das Unternehmen ausführen, sich ganz auf ihren Job konzentrieren können, ohne sich mit Alltagsroutinen belasten zu müssen. Überlegen Sie mal: Sie wollten den Firmenwagen, um zum regulären Feierabend nach Hause zu fahren. Glauben Sie wirklich, dass es richtig ist, wenn Sie den Verkaufsrepräsentanten kritisieren, der den Wagen brauchte, um alle Termine rechtzeitig zu erreichen?«

Ein Manager mag zwar bevorrechtigt sein, wenn es um die Nutzung des Firmenwagens geht, aber es ist eben ein Firmenwagen, kein Privatfahrzeug. Für leitende Angestellte und Angehörige der Unternehmensführung ist es allerdings schwierig, das so zu sehen. Ich weiß das, weil es mir selbst auch schon passiert ist. Als wir Kyocera gründeten, war das Firmenfahrzeug ein Motorroller, natürlich ohne Chauffeur. Später investierten wir in einen winzigen Subaru 360, den ich anfangs auch noch selbst fuhr. Aber ich merkte, dass ich beim Fahren ständig an die Arbeit dachte, und als mir aufging, wie gefährlich das war, stellte ich einen Chauffeur ein. Etwas später konnte sich Kyocera dann einen größeren Wagen leisten, und ich wurde jeden Tag zur Arbeit gefahren. Eines Morgens wollte meine Frau gerade in die Stadt aufbrechen, als der Wagen vorfuhr. Ich bot ihr an, sie mitzunehmen und unterwegs abzusetzen, aber sie lehnte ab: »Wenn es dein Auto wäre, gerne, aber es ist ein Firmenwagen. Du hast mir selbst gesagt, dass die nicht für Privatfahrten sind, und darauf bestanden, dass wir Geschäft und Privatleben klar trennen.« Da hatte sie natürlich recht, und ihre Ermahnung brachte mich zum Nachdenken über meine eigene Einstellung.

Das sind zwar triviale Beispiele, aber sie illustrieren doch, dass vieles leichter gesagt als getan ist. Deshalb sind Wahrheiten und Prinzipien bedeutungslos, wenn wir uns nicht mit großer Willenskraft bemühen, ihnen zu folgen. Sie sind zwar die Quelle für Rechtschaffenheit und Kraft, aber schnell vergessen, wenn einem Disziplin fehlt. Man sollte immer darauf achten, über sein Handeln nachzudenken und Selbstbeherrschung zu üben. Es ist wichtig, diese Angewohnheiten in die Richtlinien der Lebensführung einzubauen.

Der Vektor der Einstellung bestimmt die Richtung des Lebens

Die Lektionen aus meinen Erfahrungen bei der Arbeit und als Manager, die Lebensprinzipien – das alles erscheint sehr einfach. Aber gerade diese Einfachheit macht sie, so finde ich, allgemeingültig. In diesem Kapitel möchte ich einige dieser grundlegenden Prinzipien darlegen.

Das erste Prinzip, mit dem ich mich befassen möchte, ist meine Lebensformel, die ich im Prolog aufgeführt habe: Die Ergebnisse, die wir bei der Arbeit und im Leben erzielen = Einstellung × Bemühen × Können. Der wichtigste Faktor in dieser Gleichung ist die Einstellung. Ich fand zu dieser Formel, als ich herauszufinden versuchte, wie jemand, der wie ich nur mittelmäßig begabt ist, das Außergewöhnliche erreichen und damit den Mitmenschen und der Gesellschaft nützen kann. Seit ich diese Formel geschaffen habe, ist sie die Grundlage meiner Lebensführung.

Der Schlüssel zu dieser Gleichung ist, dass die Ergebnisse durch Multiplikation zustande kommen. Wenn jemand zum Beispiel für die Fähigkeit, klar zu denken, 90 von 100 Punkten bei Können erzielt, aber dann allzu stolz darauf wird und es bei Bemühen nur auf 30 von 100 Punkten bringt, weil er nicht hart arbeitet, ist das Endergebnis nur 2700 Punkte. Wenn dagegen jemand mit einer durchschnittlichen Denkfähigkeit von nur 60 Punkten besonders hart arbeitet, um sein Defizit auszugleichen, und mehr als 90 Prozent Bemühen auf seine Arbeit verwendet? Dann zeigt das Endergebnis 5400 Punkte. Wer sich besonders bemüht, kann daher doppelt so viel mit seiner Arbeit erreichen wie jemand, der begabt, aber nicht fleißig ist.

KAPITEL 2

Auch die Einstellung multipliziert die Punktzahl. Die Einstellung ist besonders wichtig, weil sie die Richtung des Lebens bestimmt. Manche Menschen konzentrieren ihr Bemühen und Können auf eine positive Richtung, andere auf eine negative. Einstellung ist daher der einzige Faktor in der Gleichung mit positiven und negativen Werten. Wenn man negativ denkt, ist das Endergebnis der Gleichung (also das Ergebnis des Lebens oder der Arbeit) immer negativ, auch wenn man bei Bemühen und Können hohe Werte erzielt. Begabte Menschen, die ihr Bemühen auf Betrug oder Diebstahl richten, mögen darin sehr fleißig sein, aber weil ihre Lebenseinstellung negativ ist, können sie nie gute Ergebnisse erzielen.

Weil die Faktoren dieser Formel miteinander multipliziert werden und daher direkt aufeinander einwirken, muss man sich bemühen, seine Gedanken in die richtige Richtung zu lenken, sonst gehen Können und Bemühen, wie groß auch immer, verloren und schaden womöglich sogar der Gesellschaft. Yukichi Fukuzawa (1835–1901), Gelehrter und Erzieher, beschrieb in einem Vortrag gegen Ende seines Lebens die Merkmale eines wirklich großen Menschen. Laut Fukuzawa können wir nur dann den Zustand der Reife erreichen und einen Beitrag zur Gesellschaft leisten, wenn wir das tiefe Denken eines Philosophen, das reine Herz eines Kriegers, die scharfe Intelligenz eines Beamten und die körperliche Zähigkeit eines Bauern besitzen. Wenn ich Fukuzawas Worte lese, fällt mir auf, dass das, was er tiefes Denken und reines Herz nennt, der Einstellung in meiner Lebensformel entspricht, Intelligenz entspricht dem Können, und die körperliche Zähigkeit dem Bemühen. Seine Worte bestätigen also, wie wichtig Einstellung, Können und Bemühen im Leben sind.

Die Produktion des Dramas namens Leben

Lebe jeden Tag ernsthaft. Das ist eine weitere einfache Richtlinie, aber auch sie ist entscheidend für die Lebensweise. Das japanische Wort für Ernsthaftigkeit ist *shinken*. Im Kendo, der japanischen Fechtkunst, steht *shinken* für das Üben mit einer scharfen Klinge statt des hölzernen Übungsschwertes. Im Bogenschießen heißt *shinken*, die Sehne so stark anzuziehen, dass sie kein Spiel mehr hat, und dann im Moment der höchsten Konzentration den Pfeil abzuschießen. Ernsthaft zu leben heißt, jeden Tag bei der Arbeit wie im Leben Intensität und Entschlossenheit zu bewahren. Gelingt das, führt man das Leben, das man sich vorstellt.

Das Leben ist ein Drama, in dem jeder Mensch eine Hauptrolle spielt. Wir sind gleichzeitig auch Regisseur und Drehbuchautor, es bleibt uns auch gar keine andere Wahl, als unsere Rollen selbst zu schreiben. Die wichtigste Frage des Lebens ist daher, wie man dieses Drama namens Leben produziert. Man muss sich überlegen, welche Geschichte man sich für das eigene Leben auswählt und wie man seine Rolle vortragen will – das heißt, wie man sein Leben führen will. Es gibt keine größere Verschwendung, als sich in dieser Lebensrolle keine Mühe zu geben und sich ziellos durchs Leben treiben zu lassen. Um ein befriedigendes, inhaltsreiches Drama zu gestalten, muss man jede Sekunde jedes einzelnen Tages kompromisslos ernsthaft angehen. Widmet man sich allen Aspekten des Lebens mit brennender Leidenschaft und Begeisterung, lebt man in kompletter Ernsthaftigkeit. Dann wird die Summe der eigenen Bemühungen zu unserem Wert, und unser Leben trägt Früchte und wird erfüllt.

Lässt man es dagegen an ernsthaftem Bemühen fehlen, dann bleibt das Leben fruchtlos, auch wenn man Talent und die richtige Einstellung mitbringt. Wie ausgefeilt auch das Drehbuch unseres Lebens sein mag, nur mit leidenschaftlicher Entschlossenheit kann man diese Geschichte in die Realität umsetzen. Wir haben die Wahl, uns Problemen, die eine Lösung verlangen, zu stellen oder ihnen auszuweichen, und wofür wie uns entscheiden, bestimmt, ob wir Erfolg haben oder scheitern. Eine ernsthafte Einstellung hält uns davon ab, die Herausforderungen, die sich uns stellen, zu ignorieren.

Wenn man ein dringendes Verlangen nach Erfolg bewahrt und demütig und lernbereit an die Probleme des Lebens herangeht, sieht man rasch Hinweise auf Lösungen, die man sonst übersähe. Ich nenne diese Hinweise das Flüstern der Offenbarung; es ist, als ob Gott, der uns verzweifelt auf ein Ziel hinarbeiten sieht, sich unserer erbarmte und uns die Antwort gebe, die wir brauchen. Ich fordere meine Mitarbeiter oft auf, so hart zu arbeiten, dass Gott dazu bewegt wird, ihnen zu helfen. Der Geist, mit dem wir uns Schwierigkeiten ohne Zögern stellen und uns bis an die Grenze unserer Möglichkeiten anstrengen, lässt uns auch anscheinend unüberwindliche Hindernisse bewältigen und kreative Ergebnisse erzielen. Die Gesamtheit dieser Bemühungen lässt das Idealbild unseres Lebens Realität werden.

Ohne Fleiß kein Preis

Ein weiteres wichtiges Lebensprinzip besagt, dass Erfahrung wichtiger als Wissen ist. Was man weiß, ist nicht unbedingt dasselbe wie das, was man schaffen kann. Das ist eine Warnung:

Glauben Sie nicht, dass Sie etwas in der Praxis können, nur weil Sie das theoretische Wissen haben.

Man kann aus Büchern lernen, dass man zur Herstellung von Keramik bestimmte Materialien mischt, die man bei einer bestimmten Temperatur brennt. Aber selbst wenn man diesen Anweisungen buchstabengetreu folgt, entspricht das Ergebnis nie den Erwartungen. Erst wenn man Erfahrungen in der Praxis gesammelt hat, begreift man das Wesen der Keramikherstellung. Erst wenn zum Wissen die Erfahrung hinzukommt, können wir etwas »schaffen«. Vorher »wissen« wir es nur.

Seit dem Anbruch der Informationsgesellschaft ist Wissen in der Gesellschaft immer bedeutsamer geworden, und immer mehr Menschen glauben, dass sie etwas praktisch schaffen können, weil sie theoretisch wissen, wie es geht. Das ist ein schweres Missverständnis. Es ist ein gewaltiger Unterschied, ob man weiß, wie etwas geht, oder ob man es tatsächlich kann. Nur praktische Erfahrung am Arbeitsplatz kann diese Lücke füllen.

Kurz nachdem ich Kyocera gegründet hatte, hörte ich von einem Management-Seminar, einer dreitägigen Veranstaltung in einem Kurort. Die Teilnahmegebühren waren beträchtlich, aber als einer der Redner war Soichiro Honda angekündigt, Gründer von Honda Motor Co. Weil ich ihn unbedingt hören wollte, meldete ich mich, gegen den Rat meiner Kollegen, für das Seminar an.

Am Tag von Hondas Vortrag entspannten sich die Teilnehmer zunächst im Thermalbad, hüllten sich in vom Hotel gestellte Bademäntel und versammelten sich in einer großen Halle, um auf Honda zu warten. Der kam auch kurz darauf, und zwar unmittelbar aus der Fabrik, er trug noch den ölfleckigen Overall. Gleich als Erstes sagte er in seiner scharfen, deutlichen Sprechweise: »Was wollen Sie denn hier? Mir ist gesagt worden, dass Sie etwas über Management lernen wollen, aber wenn Sie dafür Zeit haben, sollten Sie so schnell wie möglich an die Arbeit zurückgehen. Man lernt nichts übers Management, indem man sich im Pool entspannt und dann herumsitzt und es sich gut gehen lässt. Ich bin der beste Beweis dafür. Ich habe nie von jemandem etwas über Management gelernt. Wenn sogar jemand wie ich ein Unternehmen führen kann, dann heißt das für Sie nur eins: Fahren Sie zurück in Ihre Firmen und gehen Sie an die Arbeit.«

Nachdem er uns derart abgekanzelt hatte, krönte er seine Ausführungen, indem er uns hinterherknurrte: »Wie können Sie so dumm sein, für so etwas noch Geld zu bezahlen?« Wir waren sprachlos. Er hatte recht. Sein Wesen hatte mich dermaßen gefangen genommen, dass ich mich entschloss, das Seminar abzubrechen und sofort wieder an die Arbeit zu gehen.

Honda wollte uns zeigen, dass Lernen ohne Praxis dasselbe ist wie Trockenschwimmen – es geht nicht. Schwimmen lernt man nur, indem man ins Wasser springt und anfängt zu paddeln. Ebenso wenig kann man hoffen, Management zu lernen, ohne vor Ort mitzuarbeiten. Die Weisheit, mit der man Großes erreicht, gewinnt man nur, indem man Erfahrung sammelt, und die Erfahrung, die man durch persönliche Beteiligung sammelt, ist unser wertvollster Aktivposten.

Ernsthaft im gegenwärtigen Augenblick leben

Die beste Art, einen Weg in die Zukunft zu bauen, ist, mit überfließender Leidenschaft zu leben und sich ernsthaft im Hier und Jetzt zu bemühen, sich in die vor einem liegende Aufgabe zu versenken, und sich zu bemühen, jede Sekunde, die wir auf diesem Planeten verbringen, zu nutzen.

Viele meiner Leser mag es überraschen, dass ich nie einen langfristigen Managementplan aufgestellt habe. Ich verstehe zwar durchaus, wie wichtig langfristige, betriebswirtschaftlich begründete Managementstrategien sind, aber ich glaube daran, dass wir erst den heutigen Tag bewältigen müssen, bevor der nächste kommen kann. Wenn wir nicht wissen, was morgen wird, wie wollen wir dann vorhersagen, was in fünf oder zehn Jahren ist? Ich finde es wichtiger, diesen Tag, heute, so ernsthaft wie möglich zu leben. Wie großartig unsere Ziele auch sein mögen – wir können sie nicht erreichen, ohne uns tagtäglich abzumühen und allmählich auf dem, was wir jeweils erreicht haben, aufzubauen. Große Resultate erreicht man nur durch stetige Anstrengung. Erfolge in der Zukunft fallen einem automatisch zu, wenn man in der Gegenwart jeden Tag sein Bestes gibt. Dieses Prinzip war sozusagen meine Managementstrategie, und die Erfahrung hat mich gelehrt, wie grundlegend wichtig diese Wahrheit ist. Wenn wir ganz im Heute leben, kommt das Morgen von selbst.

Unser Leben ist wertvoll. Seine Zeit mit Nichtstun zu vergeuden, ist nicht nur eine traurige Verschwendung, sondern läuft auch dem Willen des Universums zuwider. Die Natur hat uns ins Leben gerufen, weil wir eine Rolle zu spielen haben. Niemand wird durch Zufall erschaffen, und daher ist nichts Existierendes

KAPITEL 2

wertlos. Im Vergleich zum Maßstab des Universums kann einem die eigene Existenz als Individuum zwar bedeutungslos erscheinen, aber wir sind hier, weil wir gebraucht werden. Das Leben jedes Einzelnen, so unscheinbar es auch scheinen mag, existiert, wie auch alles Unbelebte, weil das Universum seinen Wert erkennt.

Alle Abläufe in der Natur sind stille Bestätigungen dafür, wie wichtig es ist, ernsthaft im gegenwärtigen Moment zu leben. Denken Sie an die subarktische Tundra hoch im Norden. Im Sommer ist sie von winzigen Blüten übersät. Der Sommer dauert nur zwei oder drei Wochen, aber diese Pflanzen nutzen sie, um zu blühen und so viel Samen wie möglich zu tragen, um das Leben an die nächste Generation weiterzugeben, die nach dem langen Winter blühen wird. Sie verschwenden keine Zeit an nutzlose Gedanken, sondern gedeihen einfach im Augenblick.

In den Wüsten Afrikas regnet es nur ein- oder zweimal im Jahr, aber danach sprießen die Pflanzen sofort aus dem Boden und erblühen. Nach nur einer oder zwei Wochen werfen sie Samen ab, die dann geduldig im heißen Sand liegen. Wenn es wieder regnet, keimen die Samen sofort, eine neue Generation erblüht. In der Welt der Natur leben alle Wesen jeden Tag und jede wertvolle Sekunde in vollem Ernst, und deshalb ist ihr kleines Leben mit der Zukunft verbunden. Wenn sogar Pflanzen und Blumen jeden Moment nutzen, der ihnen gegeben ist, sollten auch wir uns bemühen, unsere Zeit voll zu nutzen und keinen einzigen Augenblick zu vergeuden. Das ist unser Vertrag mit dem Universum, das uns ins Leben gerufen hat und unserem Leben ständig neue Bedeutung gibt. Es ist eine Voraussetzung, um das Drama des Lebens so zu leben, wie wir es wollen.

Sich selbst entflammen, indem man lernt, seine Arbeit zu lieben

Es gibt drei Arten Materie: entflammbare, nichtentflammbare und selbstentflammbare. Entflammbares Material brennt, wenn es einer Flamme ausgesetzt wird, nichtentflammbares Material brennt nicht. Selbstentflammbares Material kann sich von selbst entzünden.

Menschen kann man auf dieselbe Weise einteilen. Manche entflammen vor Begeisterung ohne jede Anregung durch die Menschen ihrer Umgebung, während andere nihilistisch und gleichgültig bleiben, ganz gleich wie viel Energie man ihnen auch zuwendet. Nichtentflammbare Menschen nutzen ihre Fähigkeiten normalerweise nur unzureichend, weil ihnen Leidenschaft und Begeisterung fehlen. In einer Firma werden nichtentflammbare Menschen nicht gebraucht. Sie sind nicht nur persönlich kalt wie Eis, sondern ihre Kälte kann auch anderen die Wärme nehmen.

Deshalb sage ich meinen Angestellten oft: »Wir brauchen in dieser Firma keine nichtentflammbaren Menschen. Bemühen Sie sich, die Art Mensch zu werden, der von selbst entflammt, oder wenigstens der Typ Mensch, der fähig ist, Feuer zu fangen, wenn er der Begeisterung eines anderen ausgesetzt ist.«

Menschen, die etwas erreichen, sind diejenigen, die von selbst entflammen und ihre Energie mit denen in ihrer Umgebung teilen. Sie sind nicht diejenigen, die nur tun, was man ihnen sagt, und sie warten auch nicht auf Anweisungen, bevor sie handeln. Sie ergreifen die Initiative und machen sich daran, Großes zu vollbringen, ohne dass man sie dazu auffordern muss, und dienen so den anderen als Beispiel. Sie sind sehr proaktiv und konstruktiv, sowohl in ihrem Leben als auch bei der Arbeit.

Aber wie können wir zu selbstentflammbaren Menschen werden? Wie können wir begeisterungsfähig werden? Die beste Methode ist, sich in seine Arbeit zu verlieben. So erkläre ich es unseren Mitarbeitern: Arbeit erfordert ungeheure Energie, eine Energie, die daher kommt, dass man sich begeistert. Der beste Weg, sich zu begeistern, ist, seine Arbeit zu lieben. Was immer auch Ihr Job ist, erledigen Sie ihn von ganzem Herzen und mit ganzer Seele, und Sie werden Befriedigung und Selbstvertrauen gewinnen und sich auf das nächste Ziel stürzen. Mit jedem Mal, wenn Sie ein Ziel nach dem anderen erreichen, werden Sie Ihre Arbeit mehr lieben. Schließlich wird Ihnen keine Anstrengung mehr zu viel sein, und Sie werden wunderbare Ergebnisse erzielen.

Die Liebe ist die stärkste Motivation, die Mutter der Begeisterung, und Bemühen ist der Weg zum Erfolg. Dieses Konzept wird am besten durch die japanischen Sprichwörter »Tausend Meilen sind wie eine, wenn man aus Liebe reist« und »Liebe führt zur Meisterschaft« ausgedrückt. Wenn man seine Arbeit liebt, wird man natürlich begeistert von ihr sein und sie so gut wie möglich erledigen, was die Fähigkeiten schnell verbessert. Man beginnt sogar, sich auf Tätigkeiten zu freuen, die andere als langweilige Plackerei sehen.

Ich hatte immer so viel zu tun, dass ich kaum je nach Hause fuhr. Das wurde so schlimm, dass die Nachbarn meine Frau fragten, wann ich denn mal wieder nach Hause käme, und ihre Eltern mir schrieben, ich würde meine Gesundheit ruinieren, wenn ich mich überarbeitete. Aber sie hätten sich keine Sorgen machen müssen, weil ich genau das tat, was ich mochte. Ich empfand meine Arbeit nicht als schwierig, und sie erschöpfte mich nicht. Hätte ich meine Arbeit nicht so geliebt, wäre es mir unmöglich gewesen, große Leistungen darin zu erbringen. Erfolgreich sind diejenigen Menschen, die lieben, was sie tun, was auch immer es ist. Sich in die Arbeit zu verlieben, ist eine großartige Methode, das eigene Leben zu bereichern.

Selbstüberwindung, um das Leben zu verändern

Was sollen diejenigen tun, denen es einfach nicht gelingt, sich in ihre Arbeit zu verlieben? Nun, sie sollten damit anfangen, sich in die Arbeit zu stürzen. Mit der Zeit wird sich dann die Freude an den überwundenen Schwierigkeiten einstellen, auf die sie stolz sein können. Zu lieben und sich einer Sache zu widmen, sind zwei Seiten derselben Medaille: Zwischen beiden besteht ein ursächlicher Zusammenhang. Man widmet sich seiner Arbeit, weil man sie liebt, und umgekehrt liebt man seine Arbeit, wenn man sich ihr widmet. Selbst wenn das anfangs schwierig erscheint – ich schlage vor, dass Sie sich einfach immer wieder sagen, was für einen wunderbaren Arbeitsplatz Sie haben und was für ein Glück Sie haben, gerade diese Tätigkeit auszuüben. Wenn Sie das tun, ändert sich mit der Zeit auch Ihre Arbeitseinstellung.

Was auch immer Sie beruflich tun – wenn Sie mit Herz und Seele bei der Sache sind, werden Sie Ergebnisse sehen und sie allmählich genießen und interessant finden. Dadurch wiederum nimmt Ihre Begeisterung für die Arbeit zu und verbessert Ihre Ergebnisse. In diesem positiven Kreislauf wird Ihnen bald auffallen, dass Sie Ihre Arbeit lieben.

KAPITEL 2

Wie ich bereits erzählt habe, ging es dem Unternehmen, bei dem ich nach der Universität anfing, so schlecht, dass es kurz vor dem Bankrott stand. Meine Kollegen gingen einer nach dem anderen, bis ich in meiner Abteilung als Einziger übrig blieb. Als es so weit gekommen war, sagte ich mir, dass mir nichts anderes übrig blieb, als mich daranzumachen, die Aufgaben, die vor mir lagen, noch abzuschließen. Zu meiner Überraschung verbesserten sich meine Arbeitsergebnisse beträchtlich, sowie ich mich eifrig an die Arbeit machte. Dadurch wurde meine Arbeit interessanter, und das wiederum fachte die Flamme meiner Begeisterung an, wodurch eine positive Spirale zustande kam.

Wenn Sie glauben, Ihre Arbeit nicht länger ertragen zu können, ist es einen Versuch wert, ein bisschen härter zu arbeiten. Ihre Situation zu akzeptieren und eine positive Einstellung anzunehmen, wenn man sich mit einem Problem befasst, kann das ganze Leben verändern. Der Schlüssel dazu ist Selbstüberwindung. Man muss seine selbstsüchtigen Begierden unterdrücken und alle Gedanken an Freude und Spaß rigoros verdrängen. Wenn man sich nicht überwindet, wird man niemals Erfolg haben und kann nie sein maximales Potenzial anzapfen.

Denken wir zum Beispiel an jemanden mit durchschnittlicher Begabung, der sehr fleißig lernt und gute Noten bekommt, und an einen anderen, sehr begabten Menschen, der, ohne überhaupt zu studieren, durchschnittliche Noten bekommt. Der Begabtere mag denken: »Der andere bekommt gute Noten, weil er immer nur lernt. Aber wenn ich mich ernsthaft daransetze, bekomme ich noch bessere Noten.« Wenn der Begabtere nach dem Abschluss einer erfolgreichen Geschäftsfrau begegnet, die durch harte Arbeit erfolgreich ist, sagt er sich, »Sie war bloß eine durchschnittliche Studentin. Ich war viel besser als sie«, und meint damit, dass seine Begabung der ihren überlegen ist. Das kann stimmen, wenn wir nur nach der angeborenen Begabung gehen, aber es besteht ein riesiger Unterschied zwischen den Einstellungen der beiden und ihrer Begeisterung für die Arbeit. Gemäß meiner Lebensformel werden die Ergebnisse ihrer beiden Leben genau umgekehrt ausfallen.

Ein fleißig lernender Student muss die Zeit opfern, die er ansonsten mit Kino oder Fernsehen verbrächte; er muss gegen den Drang ankämpfen, den leichteren Weg zu gehen. Ebenso entsteht der Erfolg im Geschäftsleben aus der Fähigkeit des Betreffenden, fleißig zu arbeiten und seinen Wunsch, den leichtesten Weg zu gehen, zu kontrollieren. Wer andere verachtet, die hart arbeiten, versteckt sich hinter seiner eigenen Faulheit und Trägheit. Seine Sicht auf ernsthaftes Bemühen ist verzerrt.

Jemand, der wahrhaft begabt ist, hat die Selbstbeherrschung, seine Arbeit mit einfacher Ehrlichkeit anzugehen. Jemandem, der seinen Wünschen nachgibt und harte Arbeit vermeidet, fehlt, wie viel angeborenes Talent er auch haben mag, die Fähigkeit, dieses angeborene Talent zu entwickeln und in Größe umzusetzen. Man braucht mehr als die Summe seiner Gehirnzellen, um sein Bestes zu geben und auf der großen Bühne des Lebens großartige Ergebnisse zu erzielen. Erfolgreich wird man nur sein, wenn man sich in die Arbeit stürzt und Schwierigkeiten direkt angeht. Wir sollten uns dieses Prinzip jeden Tag unseres Lebens vor Augen führen. Ernsthaftes Bemühen, harte Arbeit – das klingt unspektakulär, aber es sind die einfachen Worte, die die Wahrheiten des Lebens enthalten.

KAPITEL 2

Komplexe Probleme entwirren, um klar zu sehen

Bei Kyocera diskutieren Mitarbeiter und Abteilungen oft engagiert und intensiv über die beste Lösung eines gegebenen Problems. Es geht dabei zum Beispiel um den Liefertermin eines neuen Produkts oder eine Preisgestaltung. Die Produktionsabteilung schlägt eine Lösung vor, der Vertrieb eine andere. Als ich noch Präsident war, kamen die beiden Parteien, wenn sie keine Einigung erzielten, mit ihrer Streitfrage oft zu mir, wenn sich solche Konflikte ergaben, und legten sie mir zur Entscheidung vor. Ich hörte dann beide Seiten sorgfältig an und gab ihnen mein Urteil bekannt. Jedes Mal gingen die beiden Parteien anschließend erleichtert und zufrieden wieder an die Arbeit, als hätten sie sich nie gestritten.

Meine Entscheidungen wurden nicht nur akzeptiert, weil ich zufällig der Chef war, sondern weil ich unvoreingenommen über dem Konflikt stand und das Problem daher objektiv sehen konnte. Ich konnte seine verschlungenen Fäden entwirren, die wahre Ursache erkennen und eine Lösung vorschlagen, die auf dieser Erkenntnis beruhte. Bei Konflikten zwischen zwei Abteilungen, die zu einer Art Kleinkrieg zwischen ihnen führten, stellte sich die Ursache des Streits, wenn ich ihr nachging, oft als einfach, trivial und vor allem selbstsüchtig heraus – etwa dass eine Abteilung es versäumt hatte, den Zuständigen in einer anderen Abteilung zu konsultieren, oder dass eine Abteilung eine Leistung der anderen nicht anerkannte. Wenn ich das erkannt hatte, urteilte ich auf der Grundlage des menschlichen Anstands, und damit waren dann alle zufrieden.

Für ein gerechtes und angemessenes Urteil muss man unbedingt eine unvoreingenommene Sichtweise mitbringen. Von einem neutralen Standpunkt aus kann einen das dichte Gestrüpp des Problems nicht ablenken, und man schaut klar bis auf die Wurzel hindurch. Ähnlich wie bei den geschäftlichen ist es bei den meisten gesellschaftlichen Problemen, von großen internationalen Konflikten bis zu häuslichen Streitigkeiten – sie beginnen mit den Erwartungen und Meinungen der Beteiligten. Jeder Beteiligte fügt dem seltsamen und verwickelten Gewebe mehr Gründe und Argumente hinzu. Je komplizierter ein Problem erscheint, desto notwendiger ist es, an den Anfangspunkt zurückzukehren und das weitere Handeln nach einfachen Prinzipien festzulegen. Wenn man sich einem Problem gegenübersieht, dessen Komplexität einen zum Aufgeben treiben will, ist es am besten, Richtig und Falsch unvoreingenommen und auf der Grundlage klarer, einfacher Prinzipien zu entscheiden.

Der weltberühmte Mathematiker Heisuke Hironaka, Vizepräsident der Inamori-Stiftung, entdeckte eine Lösungsmethode für zuvor ungelöste mathematische Probleme. Anstatt sie in Faktoren zu zerlegen, das übliche Verfahren in der Mathematik wie in den Naturwissenschaften, transponierte er die Gleichungen in eine höherdimensionale Notation. »Ein komplexes Phänomen«, meinte er, »ist nur die Projektion einer einfachen Gegebenheit.« Indem er zweidimensionale Probleme von einem dreidimensionalen Standpunkt aus betrachtete, kam er zu klaren und einfachen Lösungen.

Er erklärt seine Methode mit einem einfachen Beispiel: »Nehmen wir eine Straßenkreuzung ohne Ampeln. Die Autos kommen aus allen vier Richtungen, es gibt Stau und totales Chaos. Es gibt keine Lösung für dieses Problem, solange wir es in einer zweidimensionalen Ebene zu lösen versuchen. Aber jetzt fügen wir eine dritte Dimension, die der Höhe, hinzu, und was passiert dann? Jetzt können wir die eine der Fahrbahnen in der dritten Dimension über die andere hinwegführen, und die beiden Verkehrsströme kreuzen sich, ohne miteinander zusammenzustoßen. Mein Ansatz zur Lösung schwieriger mathematischer Probleme sieht ähnlich aus. Scheinbar komplexe Probleme sind meist nur die Projektion einer einfachen Struktur. Wenn wir unsere Sichtweise ändern, wenn wir das Problem aus einer höheren Dimension betrachten, ist die Lösung ganz klar.«

Wie Hironaka sagt, müssen wir Probleme also aus einer höheren Dimension betrachten, die die Situation vereinfacht und das Wesentliche des jeweiligen Problems erkennbar macht. Diese höhere, dreidimensionale Perspektive gewinnt man durch eine gerechte, unvoreingenommene und selbstlose Geisteshaltung ohne persönliche Interessen oder eigensüchtige Motive.

Einfaches Denken selbst in internationalen Problemen und Konflikten

Die Kriegsverbrechen der japanischen Streitkräfte in China, etwa das Nanking-Massaker oder die Verschleppung von Chinesinnen in sexuelle Sklaverei, sind seit Jahrzehnten ein Streitpunkt zwischen China und Japan. Ich nahm einmal an einer Diskussion über die Frage teil, ob Japan bei China für die begangenen Kriegsgräuel um Entschuldigung bitten solle. Als ich offen sagte, ich sei dafür, schauten mich mehrere Universitätsprofessoren entsetzt an. Anscheinend ist es nicht nur äußerst ungewöhnlich, dass ein Land ein anderes um Entschuldigung bittet, sondern wird auch deshalb missbilligt, weil das betreffende Land dadurch sein Gesicht verliert und völkerrechtliche Nachteile in Kauf nehmen muss.

Ich verstehe durchaus, dass man internationale Politik nicht nach persönlichen Gefühlsmaßstäben betreiben kann, aber es ist eine historische Tatsache, dass Japan seinerzeit China überfallen und sich dort verbrecherisch aufgeführt hat, und daher, so meine ich, sollten die Japaner um Entschuldigung für ihre Verbrechen bitten. Um Entschuldigung zu bitten, wenn man jemandem Unrecht getan hat, ist schließlich allgemein als anständiges Verhalten anerkannt. Die Bitte um Verzeihung sollte schon aus diesem Grund, ganz abgesehen von Logik und gesundem Menschenverstand, wichtiger sein als Gewinn und Ehre. Sich zu entschuldigen, wenn man im Unrecht ist, ist ein einfaches, unerschütterliches Prinzip, ein Standard, an den man sich ganz selbstverständlich halten soll. Das heißt aber, dass man auch dann um Entschuldigung bittet, wenn man dabei etwas zu verlieren hat.

Eine aufrichtige und ehrliche Haltung wird immer das Herz des Gegenübers berühren. Japan hat zwar inzwischen mehrfach offiziell bei Korea und China um Entschuldigung für seine Kriegsverbrechen gebeten, aber die Annahme dieser Entschuldigung steht noch aus. Für mich heißt das, dass Japans Entschuldigung als unaufrichtig und politisch berechnend aufgefasst wurde. Das ist gleichzeitig ein ausgezeichnetes Beispiel dafür, wie wir uns alle daran mitschuldig machen, die einfachen Probleme des Lebens zu verkomplizieren.

Lösungen für internationale Streitfragen oder wirtschaftliche Konflikte lassen sich finden, indem man an den Anfangspunkt zurückkehrt. Je komplexer ein Problem erscheint, desto mehr muss man es mit Entscheidungen und Handlungen angehen, die auf einfachen Prinzipien und reinen Konzepten beruhen. Das ist die beste Methode, um sofort auf den Kern jeder Streitfrage zu kommen und komplizierte Projektionen und eingeschränkte, voreingenommene Sichtweisen zu vermeiden.

Beispielsweise können Ungleichgewichte in der zwischenstaatlichen Handelsbilanz zu Reibungen zwischen zwei Staaten führen. Dieses häufige internationale Problem rührt daher, dass jedes Land anders regiert wird. Jedes hat seine eigene unabhängige Politik und Währung, und im Ergebnis unterscheidet sich die Handelsbilanz von Land zu Land stark, wobei manche Staaten einen gesunden Exportüberschuss erzielen, andere aber jedes Jahr ein Defizit einfahren. Mit der Globalisierung der Wirtschaft und dem internationalen Waren- und Reiseverkehr hat sich die staatliche Eigenständigkeit in Politik und Währung als Hindernis herausgestellt, das zu wirtschaftlichen Ungleichgewichten und Reibungen führt. Wir kämen der Lösung internationaler Wirtschaftsprobleme näher, wenn wir Staatsgrenzen abschafften und die Politik vereinheitlichten, wenn wir die Welt als ein einziges Land behandelten.

Auf der Grundlage dieses einfachen Konzepts habe ich einmal die Bildung einer bundesstaatlichen Weltregierung vorgeschlagen, für die die Nationen und Völker der Welt ihre Staatsgrenzen abschaffen und eine einzige Gemeinschaft bilden sollten, die sich dann in Frieden und Harmonie entwickeln könnte. Um dieses Ziel zu erreichen, müsste eine internationale Organisation geschaffen werden, die für Festlegung und Durchführung der Politik der neuen Regierung zuständig wäre. Das ist eine kühne

Idee, die nicht nur eine grenzenlose Wirtschaft, sondern auch ein grenzenloses politisches System voraussetzt.

Natürlich würden sich viele Probleme ergeben, die gelöst werden müssten, bevor dieses Ziel verwirklicht werden könnte, aber die Schaffung eines weltumfassenden Bundesstaats ist weder reiner Idealismus noch ein Luftschloss. Die Industriestaaten sind heute schon gezwungen, ihre Wirtschaftspolitik aufeinander abzustimmen, und die Autorität der einzelnen Staaten wird immer weiter eingeschränkt. Der Zusammenschluss des Großteils der europäischen Staaten zur Europäischen Union (EU) ist ein Vorläufer der Weltregierung, wie ich sie mir vorstelle. Die EU hat Europa zu einer einzigen Gemeinschaft mit einheitlicher Politik und Wirtschaftsordnung gemacht. Die Einführung des Euro als gemeinsamer Währung ist ein Symbol für die europäische Integration. Diese Art politischer Union auf die ganze Welt auszudehnen, ist sicher nicht unmöglich.

Manche werden jetzt einwenden, dass die Abschaffung der Nationalstaaten die individuelle Geschichte und Kultur der einzelnen Länder auslöschen würde. Die Elimination der Nationen heißt aber nicht automatisch, dass auch die nationalen Kulturen mit ihrem jeweiligen geschichtlichen Erbe verschwinden. Die Menschheit gibt es schon sehr viel länger als den Nationalstaat, und es wird sie auch noch sehr viel länger geben. Zuerst kamen die Menschen, dann der Staat, nicht andersherum. Man mag meine Idee als unrealistisch optimistisch kritisieren, aber ich glaube, dass wir unsere Philosophie und unser Handeln auf eine Vision des erwünschten Zustands der Menschheit und der Welt gründen müssen.

KAPITEL 2

Vernunft ist wichtiger als die übliche Praxis bei internationalen Verhandlungen

In diesem Kapitel beschreibe ich, wie wichtig es ist, die Gedanken und das Handeln in allen Aspekten des Lebens an grundlegenden Prinzipien auszurichten. Es kann außerdem sehr effektiv sein, diesen grundlegenden Prinzipien zu folgen, wenn man mit Menschen aus anderen Ländern zu tun hat und mit ausländischen Firmen verhandelt. Mir ist aufgefallen, dass viele Menschen aus westlichen Ländern eine feste Lebens- und Arbeitsphilosophie haben, was sie in die Lage versetzt, ihre grundlegenden Prinzipien mit denen Japans und das Für und Wider beider zu vergleichen.

Als Kyocera noch eine kleine, unbekannte Firma war, wandte ich mich aktiv an ausländische Firmen, um für unsere Produkte zu werben. Damals waren viele japanische Unternehmen noch dabei, amerikanische Technik an ihren Arbeitsplätzen einzuführen, und ich dachte, dass Anerkennung durch amerikanische Hersteller dazu führen würde, auch die Inlandsnachfrage nach unseren Produkten zu steigern. Ich sprach damals noch nicht sehr gut Englisch, entschloss mich aber trotzdem, in die USA zu fliegen, um mich mit den Managern von Unternehmen zu treffen, denen ich Kyoceras Produkte zu verkaufen hoffte. Ich weiß noch, dass ich am Tag vor dem Abflug einen Freund zu Hause besuchte, um zu lernen, wie man westliche Toiletten benutzt, die damals in Japan noch selten waren. Der Wechselkurs für 1 Dollar betrug 360 Yen, und nur wenige Japaner konnten sich Auslandsreisen leisten.

Ich blieb ungefähr einen Monat in den USA und versuchte bei einer Firma nach der anderen, Kyoceras Produkte anzubringen, hatte aber nicht viel Erfolg. Meistens wurde ich schon abgewiesen, bevor es überhaupt zu Verhandlungen kam. Ich schien in diesem seltsamen Land mit seiner verwirrenden Kultur und seinen merkwürdigen Gebräuchen für meine Mühen nur Ablehnung und Enttäuschung zu ernten. Ich erinnere mich heute noch lebhaft, wie verzweifelt ich war und wie anstrengend die Reise. Aber ich blieb am Ball, und als Ergebnis meiner Hartnäckigkeit bekam ich allmählich doch einige Abschlüsse mit ausländischen Firmen, die Kyocera-Produkte kauften.

Während dieser Geschäftsreise in die USA fiel mir auf, dass in anderen Staaten, besonders in den USA, oft das Wort *vernünftig* fiel, wenn es um die Beurteilung einer Entscheidung ging. Außerdem wurde – anders als in Japan – Vernunft oft nicht als das gesellschaftlich Akzeptierte oder allgemein Übliche definiert, sondern nach den persönlichen Wertmaßstäben des Betreffenden. Die Menschen im Ausland hatten eine eigene Philosophie und eigene Wertmaßstäbe, die auf ihren persönlichen Ansichten beruhten. Ich fand das sehr erfrischend und anregend.

Der Unterschied zwischen der amerikanischen und der japanischen Definition von Vernunft wurzelt natürlich in einem fundamentalen Unterschied der beiden Kulturen, den zum Beispiel auch die Rechtssysteme der beiden Staaten zeigen. Das japanische Recht beruht ursprünglich auf dem deutschen Modell, das wie alle kontinentaleuropäischen Rechtssysteme vom geschriebenen Gesetz ausgeht. Im angelsächsischen Recht, wie es in den USA herrscht, wird dagegen oft nach Präzedenzfällen geurteilt, die Richter haben eine größere Freiheit und können im Einzelfall individuell entscheiden. Im amerikanischen Gerichtswesen wird daher das Urteil oft nach dem gesunden Menschenverstand und dem Gerechtigkeitsempfinden der Beteiligten gefällt.

In Ländern, deren Kultur dem Leben nach einer persönlichen Philosophie positiv gegenübersteht, ist mein Ansatz, sich klare Grundprinzipien auszusuchen und danach zu leben, sehr wirkungsvoll. Ich stellte meine Verkaufsargumente während meiner Werbetour für Kyocera auf der Basis meiner persönlichen Grundprinzipien dar, und wenn mein Gesprächspartner zustimmte, traf er seine Entscheidung auf der Stelle, ohne sich um die übliche Praxis seiner Firma oder die Größe meiner Firma zu kümmern. Dadurch konnte ich bei ausländischen Unternehmen rasch Abschlüsse erzielen.

Die Globalisierung schreitet rasch voran, und auch eine Inselnation wie Japan muss in einer internationalisierten Welt überleben. Bei der Arbeit wie im Alltag müssen wir mit Angehörigen anderer Länder zusammenarbeiten und uns mit ihnen auseinandersetzen. In unserer japanischen Kultur neigen wir dazu, Konflikten auszuweichen und die andere Seite zu besänftigen oder ihr nachzugeben, wenn sie eine andere Meinung vertritt. Nordamerikaner und Europäer dagegen kommen aus einer sehr logikbetonten Kultur, und im Umgang mit ihnen ist es viel wirksamer, klar und deutlich zu sagen, was man für vernünftig und gerecht hält. Sie respektieren solche Argumente ohne Weiteres.

Unser Urteilskriterium sollte immer sein, was einem als Mensch richtig vorkommt. Dieser Maßstab ist allgemeinmenschlich und übernational. Selbst bei kulturell bedingten Konflikten können beide Parteien sich auf dieses universelle Prinzip einigen. Im Kyocera-Rundbrief wurde einmal ein amerikanischer Manager der Kyocera Group North American Holding in San Diego etwa wie folgt zitiert:

> Die Kultur unterscheidet sich bei den einzelnen Nationen und Völkern. Aber letztlich haben wir alle dieselbe Geschäftsphilosophie und dieselben Grundprinzipien. Sich um möglichst gute Arbeitsergebnisse zu bemühen und der Gesellschaft nützen zu wollen, sind zum Beispiel universelle Ziele, die sich in allen Kulturen und Religionen finden.

Das ist sehr treffend gesagt. Wo immer wir auch arbeiten, wir brauchen eine universelle Philosophie, die als Maßstab für unsere geschäftlichen Entscheidungen dient. Je universeller dieser Maßstab ist, desto wirksamer ist er und desto besser ist er im ethischen und moralischen Konzept der menschlichen Rechtschaffenheit verwurzelt. Dieses Konzept ist grenzübergreifend. Die Grundprinzipien der Lebensführung teilen sich alle Menschen, und daher überwinden sie nationale Unterschiede und weisen über unsere Gegenwart hinaus.

KAPITEL 3

DEN GEIST ERHEBEN UND VERFEINERN

Die Japaner scheinen dabei zu sein, all die Tugenden zu verraten, die einmal als wesentliche Merkmale ihrer Kultur galten. Eine dieser Tugenden ist die Demut: der Respekt, den man bei der Begrüßung dem Gegenüber erweist, indem man sich verbeugt; die Bescheidenheit, indem man andere lobt anstatt sich selbst; die Haltung, dem anderen Vorrang zu gewähren. Ich weiß, dass man sich manchmal im Leben durchsetzen muss, aber ich glaube, dass es ein großer Verlust für die japanische Gesellschaft und Nation ist, die Schönheit der japanischen Seele zu vergessen, wie sie durch diese Demut ausgedrückt wird. Es bedeutet auch einen beträchtlichen Verlust an Lebensqualität für Japan.

KAPITEL 3

Zugegebenermaßen fällt es gewöhnlichen Menschen wie mir nicht leicht, demütig zu bleiben. Auch in mir erhebt die Arroganz oft genug ihr hässliches Haupt. Weil es mir vergönnt war, auf dem unerforschten Gebiet der Feinkeramik zahlreiche neue Technologien und Produkte zu entwickeln und den bemerkenswert raschen Aufstieg Kyoceras als Präsident zu leiten, ziehe ich viel Aufmerksamkeit und Lob auf mich. Nehme ich an einer Tagung teil, bekomme ich den Ehrenplatz und werde oft um meine Meinung gebeten. Obwohl ich mich ständig bemühe, gegenüber meinem Ego auf der Hut zu sein, höre ich doch oft genug eine hartnäckige Stimme in mir sagen, dass ich durch meine Leistungen und Erfolge durchaus das Recht habe, besser behandelt zu werden als andere. Aber ich wache doch immer wieder auf und werde gewahr, dass ich die Aufmerksamkeit genieße, und ermahne mich, dass ich mich um Demut bemühen muss. Oft gelingt mir das nur mit Mühe, obwohl ich als buddhistischer Priester ausgebildet bin.

Ehrlich gesagt sind die Talente, die ich haben mag, und die wichtigen Aufgaben und Posten, die ich erfüllt habe, doch nicht nur mir gegeben. Wenn ein anderer mit meinen Fähigkeiten geboren worden wäre, hätte er ebenso gut dasselbe erreichen können. Ich habe mich nur bemüht, die mir geschenkten Talente zu entwickeln.

Ich glaube nämlich, dass jede angeborene Begabung uns zu treuen Händen anvertraut ist; vielleicht ist *geliehen* der bessere Begriff. Was auch immer ich an besonderen Fähigkeiten haben mag und welche Leistungen sich aus ihnen ergeben – sie gehören nicht mir persönlich. Wir sollten unsere Fähigkeiten und Handlungen zum Besten der Mitmenschen und der Gesellschaft einsetzen; das sollte wichtiger sein, als persönlichen Erfolg daraus zu ziehen. Wenn wir unsere Begabungen zum Wohl unserer Mitmenschen einsetzen, üben wir, so glaube ich, echte Demut.

Gleichzeitig mit dem Schwinden des Geistes der Demut in der japanischen Gesellschaft habe ich bei immer mehr Menschen eine Zunahme der Einstellung bemerkt, die eigenen Talente als persönliches Eigentum zu betrachten. Diese Tendenz zeigt sich besonders bei Führungspersönlichkeiten, die doch eigentlich ein gutes Beispiel geben sollten. Große Konzerne mit langer Tradition und beeindruckenden Leistungen werden in letzter Zeit von Skandalen heimgesucht, die eine Schwächung ihrer inneren Prinzipien und ihrer ethischen Richtlinien befürchten lassen. Auch in der Politik hat es Fälle gegeben, in denen Entscheidungsträger ihre Befugnisse ausgenutzt haben, um sich die Taschen zu füllen, obwohl sie aus unseren Steuergeldern dafür bezahlt werden, in unserem Interesse zu handeln. Dass diese Politiker ihre Fähigkeiten für korrupte Zwecke missbrauchen, legt nahe, dass sie diese Fähigkeiten für ihr Eigentum halten. Weil sie nicht erkennen, dass ihnen diese Talente vom Himmel anvertraut wurden, setzen sie diese für ihre eigenen selbstsüchtigen Zwecke statt zum Wohl der Mitmenschen ein.

In Leitungspositionen ist Tugend wichtiger als Talent

Wenn man die sich unethisch verhaltenden Mächtigen nach dem Maßstab meiner Lebensformel anschaut (Einstellung × Bemühen × Fähigkeit), dann wird klar, dass die Betreffenden durchaus beträchtliche Fähigkeiten haben. Außerdem sind sie begeisterungsfähig und arbeiten viel härter als der Durchschnitt, aber ihre Einstellung bringt sie dazu, ihre Gaben zu missbrauchen. Letztlich schaden sie mit ihrem kriminellen Verhalten nicht nur der Gesellschaft, sondern auch sich selbst.

Die Einstellung ist der Ansatz für das Leben, die Philosophie oder Ethik des Einzelnen, und sie zeigt wie durch ein Fenster, was für einen Charakter man hat. Dieser besteht aus der Einstellung und den Tugenden wie etwa der Demut. Wenn der Charakter verzerrt oder böse ist, kann ihn auch noch so viel Begabung und Begeisterung nicht vor einem negativen Ergebnis der Lebensformel retten – sie machen es sogar noch schlimmer.

Ich glaube, das Problem mit der japanischen Führungsschicht beruht eher auf dem Auswahlverfahren für diese Führer durch das japanische Volk als auf den Betreffenden selbst. Wir neigen dazu, unsere Führer nach ihrer Gewandtheit und Befähigung auszusuchen, nicht nach dem Charakter. Und wir messen ihre Befähigung einzig an den Leistungen in Schule und Universität. Ein typisches Beispiel dafür ist die Auswahl von Kandidaten, die bei den Beamtenprüfungen möglichst gut abgeschnitten haben und deshalb wichtige Posten in Regierung und Wirtschaft erhalten.

Die japanische Methode der Führerauswahl hängt direkt mit der Bedeutung des Wirtschaftswachstums zusammen, das in der Nachkriegszeit einsetzte. Seit Kriegsende gelten Eigenschaften und praktische Fähigkeiten, die sich unmittelbar in messbare Ergebnisse umsetzen lassen, mehr als ein guter Charakter, der schwieriger zu definieren ist. Der in Japan stark verwurzelte Brauch, Politiker zu wählen, die ihren Wahlbezirken dann Gegengeschenke zukommen lassen, zeigt, dass viele Menschen befähig-

DEN GEIST ERHEBEN UND VERFEINERN

te Führer vorziehen, selbst wenn es ihnen an Tugend mangelt. Dieser Mentalität zu entkommen, ist nicht leicht.

Es gab einmal eine Zeit, in der die Japaner eine umfassendere Sichtweise hatten. Saigo Takamori (1827–1877), ein Staatsmann im Japan des 19. Jahrhunderts, sagte einmal: »Dem Tugendhaften gebt ein hohes Amt; dem Erfolgreichen gebt Geld.« Mit anderen Worten: Leistungen sollte man mit Geld belohnen, aber nicht mit Führungspositionen, die vielmehr Menschen edlen Charakters vorbehalten bleiben sollten. Diese Worte Takamoris sind zwar über ein Jahrhundert alt, aber nichts weniger als veraltet, sondern enthalten eine universelle Philosophie, die sich als zeitlos bewährt hat. Wir sollten uns Takamoris Worte zu Herzen nehmen – heute, da das soziale Gefüge zerfällt, mehr denn je.

Man sollte Führungspersönlichkeiten also nach ihrem Charakter beurteilen statt nach ihrer Befähigung. Wer außergewöhnlich befähigt ist, braucht Selbstbeherrschung, um nicht in Stolz zu verfallen oder seine Talente zu missbrauchen. Das ist Tugend; das ist Charakter. Manche halten den Begriff *Tugend* für veraltet, aber Charakterbildung kann gar nicht veralten. Lu Kun (1536–1618), ein chinesischer Beamter und Gelehrter der ausgehenden Ming-Dynastie, behandelt in seinem *Shen yin yu* die Allgemeingültigkeit der Tugend. Nach Kun ist die wichtigste Voraussetzung für eine Führungsposition Tiefe, die zweite großzügiger Mut, die dritte weise Beredsamkeit. Diese Eigenschaften kann man auch als Charakter, Mut und Fähigkeit interpretieren. Wichtig sind alle drei, aber wenn ich Prioritäten setzen müsste, würde ich den Charakter zuerst nennen, dann den Mut und dann erst die Fähigkeit.

KAPITEL 3

Tägliches Nachdenken und Charakterverfeinerung üben
Seit dem Ende des Zweiten Weltkriegs hat Japan viele Führungspersönlichkeiten mit der dritten Qualifikation gehabt – Fähigkeit. Wichtige Regierungsämter gingen an gute Redner mit außergewöhnlicher Befähigung und großem praktischem Wissen. Menschen mit gutem Charakter dagegen wurden, auch wenn man nicht auf sie herabsah, an den Rand gedrängt. Japan hat sich Führer gewählt, denen innere ethische Grundsätze ebenso wie Charaktertiefe fehlen und die daher für ihr Amt ungeeignet sind. Schlechte Führung ist meiner Ansicht nach eine der Ursachen für die Skandale der letzten Zeit in Regierung und Unternehmen und die Wurzel des moralischen Verfalls, der die japanische Gesellschaft untergräbt.

Bosse von Skandalunternehmen, die im Fernsehen zu ihrem Fehlverhalten Stellung nehmen sollen, zeigen kaum Charaktertiefe, wenn es gilt, Verantwortung für die Skandale zu übernehmen. Stattdessen geben sie Zerknirschungsformeln aus einem vorbereiteten Skript von sich: »Wir hätten das nicht tun dürfen. Wir werden sicherstellen, dass es nicht wieder vorkommt.« Ihre Worte klingen oberflächlich und unaufrichtig. Sie sind zwar aufgerüttelt, wollen ihre Verfehlungen schönreden und der Verantwortung ausweichen, aber ihnen fehlt leider der Willen, das Problem offen anzugehen, die Verantwortung zu übernehmen, eine ehrliche Aufklärung zu geben und ihre Fehler wiedergutzumachen. Ich kann daraus nur schließen, dass diese sogenannten Führer keine Philosophie als Richtschnur haben, keinen Maßstab, um Gut von Böse und Richtig von Falsch zu unterscheiden. Wenn schon unsere Führungspersönlichkeiten sich so aufführen, ist es kein Wunder, dass Kinder keinen Respekt mehr vor ihren Eltern haben.

Mehr als Fähigkeit oder Beredsamkeit brauchen Führer Charaktertiefe. Sie müssen demütig, introspektiv und diszipliniert sein; sie müssen den Mut haben, die Gerechtigkeit zu wahren, und die Liebe, ständig ihre Seelen zu verfeinern. Sie müssen ständig darum bemüht sein, das menschlich Richtige zu tun. Antike chinesische Texte mahnen uns, den Vier Gefahren aus dem Weg zu gehen: Täuschung, Egoismus, Verweichlichung und arrogantem Stolz, und wer Führer sein will, muss sich bemühen, diesem edlen Weg zu folgen. Mit anderen Worten: Künftige Führer müssen nach dem Prinzip *Adel verpflichtet* leben.

Jetzt mag mancher die Nase rümpfen und sagen, das zu tun, was menschliche Rechtschaffenheit gebietet, könne man bestenfalls noch Grundschülern im Ethikunterricht weismachen. Aber eben weil die Erwachsenen sich nicht mehr nach diesen einfachen moralischen Kriterien richten, die ihnen in der Grundschule beigebracht wurden, sind die gesellschaftlichen Wertvorstellungen so erschüttert und die Seelen der Menschen so verwüstet. Welcher Erwachsene kann heute noch mit gutem Gewissen seinen Kindern moralische Werte beibringen? Wer kann überhaupt noch klare Maßstäbe vorweisen oder ethische Prinzipien erklären? Wer kann noch Richtig und Falsch unterscheiden und bringt den notwendigen Geist und die Charaktertiefe dafür auf? Wie können wir anders als beschämt sein, wenn wir anschauen, was aus uns geworden ist?

Es ist gar nicht schwierig, das Richtige zu tun. Wir müssen uns nur an die einfachen moralischen Richtlinien halten, die wir als Kinder gelernt haben – sei ehrlich, lüge und betrüge nicht, sei nicht gierig –, uns ihre Bedeutung wieder klarmachen und sie umsetzen.

Sechs *shojin* zur Verfeinerung der Seele

Natürlich sind nicht nur Führungspersönlichkeiten aufgerufen, ihre Seele zu verfeinern und zu bilden. Jeder Einzelne sollte hart daran arbeiten, nicht nur intelligent und fähig zu werden, sondern auch – und zwar vor allem – rechtschaffen. Die Bildung der Seele ist der Zweck, der Sinn unseres Lebens. Das Leben ist nichts anderes als der Vorgang, mit dem wir unser wahres Wesen als Menschen verfeinern.

Was heißt es, seine Seele zu bilden? Das ist nichts weniger als ein komplizierter Prozess auf dem Weg zur Erleuchtung oder der absoluten Güte, sondern heißt ganz einfach, sich zu bemühen, die eigene Seele ein wenig schöner zu machen, ein wenig weiterzuentwickeln, als wir sie bei unserer Geburt vorgefunden haben. Bei dieser Bemühung lernt man, sein Ego zu beherrschen, Gelassenheit, Freundlichkeit und Rücksichtnahme zu üben und einen selbstlosen Geist zu entwickeln. Dieser Vorgang der Verwandlung und Verschönerung der Seele ist der letztendliche Zweck des Lebens.

Aus der Sichtweise des Universums ist ein Menschenleben nicht mehr als ein rasch vergehender Augenblick. Eben deshalb müssen wir uns bemühen, den Wert dieses Lebens zu erhöhen, bevor der letzte Vorhang fällt, denn durch dieses Bemühen wird der Mensch edel und findet zum Wesen des Lebens. Wir mühen uns durch unsere irdische Existenz, die wir nur einmal durchleben, und erleben dabei Schmerz, Leid und Angst wie auch

DEN GEIST ERHEBEN UND VERFEINERN

Freude und Glück. Diese Erfahrungen – dieser Prozess – werden zum Schleifmittel, mit dem wir unsere Seelen verfeinern und sie jeden Tag ein bisschen edler machen. Wenn einem das gelingt, ist das Leben wirklich lebenswert.

Genau wie es unendlich viele Wege auf einen Berg hinauf gibt, gibt es auch viele Methoden und Ansätze, um die Seele zu verfeinern. Aus meiner persönlichen Erfahrung heraus kann ich sagen, dass die folgenden sechs *shojin* (fleißiges Bemühen) sehr dabei helfen können, die Seele zu erheben, und ich teile sie Ihnen hier als Richtlinie mit.

1. Arbeiten Sie härter als alle anderen, studieren Sie eifriger als jeder andere und lassen Sie sich nicht ablenken. Wenn Sie genug Zeit haben, sich zu beklagen, haben Sie auch genug Zeit, an sich zu arbeiten, wenn auch nur ein bisschen.
2. Üben Sie Demut statt Stolz. Ein chinesisches Sprichwort mahnt, »Nur der Demütige kommt zu Reichtum«. Demut zieht das Glück an und reinigt die Seele.
3. Denken Sie jeden Tag nach. Bewerten Sie Ihr Handeln und Ihren Geisteszustand täglich, um zu sehen, ob Sie nur an sich selbst denken, ob Sie gemein oder feige sind. Üben Sie Selbstkontrolle und Selbstreflexion und bemühen Sie sich, Ihr Verhalten zu korrigieren.
4. Seien Sie dankbar, dass Sie am Leben sind. Glauben Sie daran, dass Sie Glück haben, auch nur zu leben, und lehren Sie Ihrem Herzen, für jede Kleinigkeit dankbar zu sein.
5. Füllen Sie Ihre Tage mit guten Taten und selbstlosem Handeln. Ein japanisches Sprichwort sagt, »Das Haus, das

gute Taten ansammelt, wird mit unerwartetem Reichtum gesegnet«. Üben Sie sich in guten Werken, seien Sie anderen zu Diensten und bemühen Sie sich um Rücksicht in Wort und Tat. Wer gute Taten ansammelt, erhält eine reiche Belohnung.
6. Beklagen Sie sich nicht und betrachten Sie nicht nur die negativen Seiten. Bleiben Sie immer gelassen. Sorgen Sie sich nicht um Dinge, die Sie nicht ändern können. Wichtig ist, dass Sie immer Ihr Bestes tun, um später kein schlechtes Gewissen zu haben.

Ich versuche stets, diese sechs *shojin* zu beherzigen und danach zu leben. Auf dem Papier wirken sie nicht sehr eindrucksvoll, und man muss sie allmählich, dafür aber umso gründlicher in seinen Alltag einbauen. Sie sollen ausgeübt werden, nicht nur aufgeschrieben, gerahmt und an die Wand gehängt.

Dankbarkeit vom verborgenen Buddha lernen

In unserem Zeitalter materiellen Reichtums wird die Verarmung und Leere der Seele immer deutlicher. Der Geist der Dankbarkeit, einer der sechs oben angeführten *shojin*, scheint dabei besonders gelitten zu haben. Für uns Menschen in einer mit materiellen Gütern überfluteten Welt ist es an der Zeit, zu Bescheidenheit und Dankbarkeit zurückzukehren.

Als ich jung und Japan noch ein armes Land war, strebte ich von allen Werten am meisten der Ernsthaftigkeit nach. Ich bemühte mich, ernsthaft zu leben und zu arbeiten, voll und ehrlich ohne Abkürzungen. Damals war die Ernsthaftigkeit den Japanern noch zu eigen, war sie eine ihrer typischen Tugenden. Aus dem armen Japan wurde durch Wirtschaftswachstum schnell ein reiches Land, und die wohlhabende japanische Gesellschaft, in der auch Kyocera sehr erfolgreich war, weckte in mir zunehmende Dankbarkeit. Ich konnte nicht anders, als für all die Segnungen, die ich durch ernsthafte, harte Arbeit bekommen hatte, äußerst dankbar zu sein. Die Dankbarkeit, die ich fühlte, wurde so stark und unerschütterlich, dass sie zu einer Tugend wurde, die ich im Alltag übte. Wenn ich auf mein Leben zurückblicke, erkenne ich, dass die Dankbarkeit meine moralischen Werte wie ein unterirdischer Strom durchströmt. Ich sehe außerdem, wie sie in einem Erlebnis aus meiner Kindheit wurzelt.

Meine Familie wohnte in Kagoshima an der Südspitze Kyushus, der südlichsten der vier japanischen Hauptinseln. Mit vier oder fünf Jahren brachte mein Vater mich zum »verborgenen Buddha«, einer Pilgerstätte, die von heimlichen Anhängern einer jahrhundertelang verbotenen buddhistischen Sekte bewahrt worden war. Die Pilgerfahrt dorthin war, als ich klein war, bei den Anhängern der Sekte immer noch üblich.

Gemeinsam mit anderen Eltern und ihren Kindern erkletterten mein Vater und ich im Dunkeln den steilen Bergpfad zum verborgenen Buddha, wobei wir den Weg mit Laternen beleuchteten. Es war ganz still, und ich erinnere mich, dass mich mystische Ehrfurcht erfüllte, während ich hinter meinem Vater dahintrottete. Unser Ziel war ein bescheidenes Haus, in dem ein buddhistischer Priester vor einem Altar saß, der in einem Schrein verborgen war, und Sutras rezitierte. Der Raum war nur von einigen Kerzen erleuchtet, und als wir uns setzten, verschmolzen wir mit der Dunkelheit. Die Kinder, die von den Pilgern hierhergebracht worden waren, mussten sich hinter dem Priester hinknien und ihm zuhören, wie er mit seiner tiefen, ruhigen Stimme sang. Als er fertig war, musste jedes Kind nacheinander ein Räucheropfer bringen und vor dem Altar beten. Danach sprach der Priester jeweils mit dem betreffenden Kind. Vielen sagte er, sie sollten noch einmal wiederkommen, aber zu mir meinte er: »Du brauchst nicht wiederzukommen. Du bist bereits vollendet. Von nun an danke jeden Tag dem Buddha mit den Worten *Nanman, nanman, arigatou* [Ich vertraue dem Buddha des unermesslichen Lichts. Danke].« Dann wandte er sich meinem Vater zu und sagte ihm, er brauche das Kind dem verborgenen Buddha nicht noch einmal vorzustellen. Ich war zwar noch ganz klein, aber ich merkte doch, dass ich eine Prüfung bestanden oder eine besondere Anerkennung erhalten hatte, und war stolz und froh darüber.

Dieses Erlebnis an der heiligen Stätte hinterließ einen tiefen Eindruck in mir. Es war meine erste religiöse Erfahrung. Ich lernte daraus, wie wichtig Dankbarkeit ist. Das hat mich im Innersten geprägt. Noch heute geht mir oft das Dankbarkeitsmantra durch den Kopf, das mir der Priester mitgegeben hat, oder es steigt mir unbewusst auf die Lippen. Als ich die großen Kathedralen Europas besuchte, war ich von ihrer Majestät so bewegt, dass ich anfing, das Mantra vor mich hin zu singen. *Nanman, nanman, arigatou* ist ein Mantra, das über allen Religionen und Sekten steht und Teil meines innersten Wesens geworden ist.

Bereit sein, in jeder Lage Anerkennung auszudrücken

Das Mantra, das ich auf der Pilgerreise mitbekam und das buchstäblich kinderleicht zu merken ist, wurde zum Modell meines Glaubens und nährte meinen Geist der Dankbarkeit. Diese Worte in guten wie in schlechten Zeiten zu rezitieren, für jeden und alles, stärkte meinen Geist der Dankbarkeit und ermutigte mich dazu, das Richtige zu tun.

Glück und Pech sind wie zwei Fäden desselben Seils; zusammengeflochten ergeben sie unser Leben. Daher sollten wir immer dankbar sein, ob wir nun Glück oder Pech haben, ob Sonnenschein oder Wolkenhimmel. Wir sollten nicht nur dankbar sein, wenn uns das Glück lächelt, sondern auch, wenn wir Schwierigkeiten zu meistern haben. Allein am Leben zu sein ist etwas, wofür man dankbar sein sollte. Dankbarkeit erhebt den Geist und ist der erste Schritt, sich eine bessere Zukunft zu schaffen.

Natürlich ist es leichter gesagt als getan, auch in Krisenzeiten dankbar zu bleiben. Immer dankbar zu sein, ob es regnet oder die Sonne scheint, ist fast nicht menschenmöglich, und besonders schwierig ist es, Probleme als Möglichkeit zu begrüßen, sich zu beweisen. Viel eher lehnen wir uns gegen die Ungerechtigkeit des Schicksals auf und hadern mit unseren Problemen. Das ist die Natur des Menschen. Selbst wenn wir Glück haben, sind wir dem Schicksal nicht unbedingt dankbar. Oft nehmen wir seine Segnungen als selbstverständlich hin oder gieren nach mehr. Auch das liegt im Wesen des Menschen. Wir vergessen den Geist der Dankbarkeit, und folglich sind wir unglücklich.

Wir müssen unser rationales Denken bewusst auf Dankbarkeit programmieren. Wenn die Dankbarkeit nicht von selbst in uns erwacht, müssen wir sie unserem Geist aufzwingen und uns dazu erziehen, immer Dankeschön zu sagen. Wir müssen unser Herz ständig und bewusst dazu ermahnen, ein offenes Gefäß für die Dankbarkeit zu sein, Prüfungen und Schwierigkeiten als Chancen zu erkennen, die es uns ermöglichen zu wachsen, und Segnungen des Schicksals als Geschenke, die wir nicht verschwenden dürfen.

Dankbarkeit erwächst aus Zufriedenheit, nicht aus Unzufriedenheit oder Unerfülltheit. Aber was ist mit der Zufriedenheit? Entspringt sie aus dem Überfluss und Unzufriedenheit aus Mangel? Auf der materiellen Ebene stimmt das, aber was einen Menschen befriedigt, ist dem anderen vielleicht nicht genug. Manche sind mit wenig zufrieden, andere wollen immer mehr, gleichgültig, wie viel sie bereits besitzen. Manche sind nie zufrieden und beklagen sich ohne Unterlass, während andere immer zufrieden zu sein scheinen, wie auch ihre Lage sei. Offensichtlich hängt die Zufriedenheit vom geistigen Zustand und nicht von den materiellen Umständen ab. Wie auch immer unsere materielle Lage sein mag – wenn wir dankbar bleiben, finden wir auch Zufriedenheit.

Offener Geist und freudiges Herz

Ebenso wie der Geist der Dankbarkeit Freude in unser Leben bringt, inspiriert ein offener Geist Fortschritt im Leben. Eine offene Geisteshaltung bedeutet, dass man sich Kritik anhört, auch wenn man sie nicht hören möchte, und sein Handeln entsprechend korrigiert. Wenn man sein Bewusstsein den Mitmenschen öffnet, fördert man die eigenen Fähigkeiten und bildet den Geist.

DEN GEIST ERHEBEN UND VERFEINERN

Konosuke Matsushita betonte oft, wie wichtig ein offener Geist sei. Er hatte kaum Schulbildung, und um innerlich zu wachsen und sich weiterzubilden, bemühte er sich immer, so viel wie möglich von anderen zu lernen. Diese Haltung, ständig bereit zu sein, etwas dazuzulernen, behielt er sein Leben lang. Selbst als er schon zum »Management-Gott« erhoben worden war, vergaß Matsushita nie, dass er immer noch ein Schüler war. Darin lag seine wahre Größe.

Natürlich bedeutet ein offener Geist nicht, dass man blind alles tut, was einem andere sagen, sondern vielmehr, dass man seine eigenen Defizite erkennt und sich mit der daraus gewonnenen Demut bemüht, sie aufzuholen. Für einen wahrhaft offenen Geist muss man sich stets bemühen, die Fähigkeit zu bewahren und anzuwenden, anderen zuzuhören und sich selbst unvoreingenommen zu sehen.

Zu Anfang meiner Laufbahn als Ingenieur wäre ich immer am liebsten vor Freude jubelnd auf und ab gesprungen, wenn meine harte Arbeit die gewünschten Ergebnisse zeigte. Mein Assistent sah das gar nicht gerne. Eines Tages fragte ich ihn, ob er sich denn nicht auch freue. Er sah mich scharf an und fragte unverblümt zurück: »Wie können Sie sich so kindisch aufführen? Sie jubeln über die einfachsten Sachen. Etwas, das eine solche Reaktion wert ist, passiert einem nur ein- oder zweimal im Leben. Sie wirken sehr oberflächlich mit diesem Verhalten.«

Seine Worte trafen mich wie ein Eimer kaltes Wasser, aber ich rappelte mich auf und hielt dagegen: »Kann schon sein, dass Sie recht haben, aber ich finde es trotzdem besser, sich ehrlich und offen über Erfolge zu freuen, wie klein sie auch sein mögen. Ich komme Ihnen vielleicht oberflächlich vor, aber diese Freude und Dankbarkeit geben mir die Kraft, mit meiner Forschung weiterzumachen.«

Ich hatte zwar ganz spontan geantwortet, aber das, was ich meinem Assistenten sagte, spiegelte dennoch meine ganze Lebensphilosophie wider. Ich versuchte ihm damit klarzumachen, wie wichtig es ist, selbst die unbedeutenden Kleinigkeiten des Lebens mit einem Gefühl der Freude und Dankbarkeit anzunehmen, das von logischen Argumenten unberührt bleibt.

Die Gewohnheit täglicher Selbstkritik, entscheidend für die Verfeinerung des Charakters, ist gerade das Ergebnis einer offenen Geisteshaltung. Wiesehr wir auch versuchen, uns in Demut zu üben – es ist schnell passiert, dass man sich doch wieder unfehlbar fühlt. Wenn man sich hinsetzt und über sein Verhalten und seine Einstellung nachdenkt, ist das eine Gelegenheit, die eigenen Fehler wie Arroganz, Stolz, Herablassung und Achtlosigkeit zu erkennen und die Grundprinzipien und Selbstdisziplin zu stärken. Wenn man sich einmal angewöhnt hat, täglich regelmäßig über sich selbst zu reflektieren, wird es möglich, den eigenen Geist zu erheben.

Wenn ich mir die Zeit zum Nachdenken nehme, stelle ich oft fest, dass ich bete, »Gott, vergib mir«. Wenn ich merke, dass ich angebe oder unaufrichtig bin, gehe ich nach Hause, bitte Gott um Vergebung für meine negative Einstellung und verspreche, dass ich versuchen werde, solche Handlungen zukünftig zu unterlassen. Ich warte, bis ich alleine bin, um mich auf diese Weise an Gott zu wenden, weil ich so laut um Vergebung bitte, dass jeder, der mich hören könnte, mich für verrückt hielte. Mit offenem Herzen und offenem Geist spreche ich die Worte, zu denen mich die Reflektion treibt, und schwöre mir, am nächsten Tag wieder zu versuchen, ein demütiger Schüler des Lebens zu sein.

»Gott, vergib mir« und »*Nanman, nanman, arigatou*« sind meine Lieblingsgebete. Beide drücken den Geist der Dankbarkeit und Selbstkritik in klaren und einfachen Worten aus. Sie sind die Leitworte, um mich auf dem richtigen Weg zu halten.

Eine buddhistische Fabel über menschliche Gier

Außer Dankbarkeit und aufrichtiger Selbstkritik muss man sich, wenn man seinen Charakter verfeinern will, von übermäßigen Begierden frei machen. Die Gier ist allerdings tief im menschlichen Herzen verwurzelt, ein Gift, das die Seele zerfrisst und einen auf den falschen Lebensweg treibt. Der Buddha hat die folgende Fabel erzählt, um zu illustrieren, wie leicht das Wesen des Menschen in die Falle der Gier gerät.

Ein Wanderer eilte einmal im Spätherbst bei kaltem Gegenwind nach Hause. Dabei fielen ihm weiße Gegenstände auf, die an seinem Weg verstreut waren. Er beugte sich hinunter, um sie zu erkennen, und sah, dass es menschliche Knochen waren. Warum, fragte er sich, liegen Knochen am Weg? Das war seltsam und unheimlich, aber er wollte rasch nach Hause, und so ging er weiter. Da erschien vor ihm ein großer Tiger und brüllte laut. Der Wanderer blieb entsetzt stehen. Jetzt wusste er, woher die Knochen kamen. Es waren die Überreste jener armen Wanderer, die der Tiger gefressen hatte.

Der Wanderer wandte sich eilig um und floh den Weg zurück, aber er verirrte sich und fand sich am Rand eines Abgrunds

KAPITEL 3

wieder. Unter ihm tobte das aufgewühlte Meer, und hinter ihm lauerte der Tiger. Er konnte weder vor noch zurück und kletterte auf einen einzelnen Kiefernbaum, der am Rand der Klippe wuchs. Aber der Tiger kletterte ihm hinterher auf den Baum, indem er seine furchtbaren langen Krallen in die Rinde grub.

Der Wanderer bereitete sich innerlich schon darauf vor zu sterben, als ihm plötzlich eine Blauregen-Rankenpflanze auffiel, die vor ihm von einem Zweig baumelte. Er packte die Ranke und wollte sich daran die Klippe hinunter abseilen, aber sie reichte nicht bis nach unten, und so hing er schließlich in der Luft. Vom Rand der Klippe starrte der Tiger auf ihn hinunter und leckte sich die Lippen. Unter ihm hatten sich drei Drachen – ein roter, ein schwarzer und ein blauer – in der tobenden Brandung eingefunden und warteten darauf, dass er abstürzte. Schlimmer noch, auf einmal hörte er ein Knuspern und Knabbern über sich, schaute auf und entdeckte eine weiße und eine schwarze Maus, die abwechselnd an der Ranke nagten, an die er sich klammerte. Nagten die Mäuse weiter, würde sie bald reißen, und er würde direkt in die Mäuler der wartenden Drachen stürzen.

Es gab kein Entkommen, keinen Ausweg. Verzweifelt ruckte und schüttelte der Wanderer an der Ranke, um die Mäuse abzuschütteln. Dabei fiel ihm ein Tropfen Flüssigkeit auf die Wange. Es war Honig. An der Wurzel der Ranke befand sich ein Bienenstock, und jedes Mal, wenn er an seiner Rettungsleine zerrte, tropfte ihm Honig in den Mund. Der Wanderer, hingerissen von der Süße, vergaß seine lebensgefährliche Lage. Er vergaß, dass er zwischen dem Tiger und den Drachen in der Falle saß. Er vergaß, dass an seiner einzigen Rettungsmöglichkeit die Mäuse nagten.

Er dachte nur noch daran, die Ranke zu schütteln, um an mehr Honig zu gelangen.

Das, so lehrt uns der Buddha, ist das Wesen des in seinen Begierden gefangenen Menschen. Obwohl er hoffnungslos in eine gefährliche Ecke getrieben ist, denkt er an nichts anderes als an den süßen Honig. Der russische Dichter Lew Tolstoi soll gesagt haben, keine andere Geschichte schildere den Kern des menschlichen Wesens so treffend wie diese. Das finde ich auch. Die Fabel des Buddhas entlarvt unsere Lebensweise und zeigt, wie tief die Begierde im Wesen des Menschen verwurzelt ist.

Aber die Geschichte ist nicht nur eine Fabel, sondern auch eine Allegorie: Der Tiger steht für Tod und Krankheit, die Kiefer für Status, Reichtum und Ruhm, die beiden Mäuse – weiß und schwarz, Tag und Nacht – für das Verstreichen der Zeit. Wir leben in ständiger Angst vor dem Tod und wollen ihm entkommen, indem wir uns ans Leben klammern, aber unser Griff um diese eine Ranke ist sehr schwach. Mit der Zeit wird die Ranke nachgeben, und jeder Tag und jedes Jahr bringt uns näher an den Tod heran. Dennoch streben wir nach dem Honig – der Erfüllung unserer Begierden –, selbst wenn es das Leben verkürzt, ihn zu erlangen. Unser wahres Wesen, so zeigt uns der Buddha mit dieser Fabel, ist die Unfähigkeit, uns von unseren elenden Begierden zu lösen.

Sich von den *Drei Giften* lösen

Der Honig in der Fabel des Buddhas steht für die verschiedenen Vergnügungen, die unsere Begierden befriedigen. Die Drachen repräsentieren ebenfalls menschliche Begierden und selbstsüchtige Gedanken. Der rote Drachen steht für Wut, der schwarze für

KAPITEL 3

Gier und der blaue für Neid. Im Buddhismus werden Wut, Gier und Neid als die *Drei Gifte* bezeichnet. Der Buddha mahnt uns, dass die *Drei Gifte* uns in den Untergang reißen, weil sie die Ursache für die 108 weltlichen Begierden sind, die den Menschen quälen. Sie sind giftig und winden sich um unsere Herzen, sodass wir ihnen nicht entkommen können.

Tatsächlich scheinen wir den Großteil unserer Tage in Wut, Gier und Neid gefangen zu verbringen. Wir wollen anderen voraus sein und besser leben als sie, also verfallen wir dem Laster des Begehrens von Ruhm und Vermögen, das in jedem Herzen verborgen lauert. Wenn dieses Begehren unerfüllt bleibt, werden wir wütend und frustriert, und diese negativen Gefühle verwandeln sich in Neid gegen jene, die das haben, was wir uns wünschen. Die Mehrheit der Menschen ist ständig in diesem Teufelskreis der Begierden gefangen.

In dieser Hinsicht sind wir nicht besser als ein Kind oder ein Säugling. Wenn ich einem meiner Enkel in Anwesenheit eines anderen Enkels besondere Aufmerksamkeit widme, wird das andere Enkelkind sofort neidisch. Offensichtlich vergiftet der Neid unsere Herzen schon, wenn wir erst zwei oder drei Jahre alt sind. Natürlich kann man Begierde und Ehrgeiz nicht ganz aus dem Leben verbannen. Wir brauchen sie in gewissem Maße, weil sie uns die Kraft zum Leben geben, aber wir müssen uns bewusst sein, dass Begierden uns vergiften und endlos leiden lassen. Es liegt eine tiefe Ironie darin, dass die Kraft, die wir zum Leben brauchen, unser Glück zerstören kann.

Weil die Begierden unsere Lebensfreude zerstören können, muss man darauf achten, sich so weit wie möglich von weltlichen Begierden zu lösen. Man kann die Drei Gifte wohl nicht ganz aus seinem Leben tilgen, aber man kann sich bemühen, sie zu kontrollieren, indem man fleißig die einfachen Richtlinien der Aufrichtigkeit, Dankbarkeit und Selbstkritik befolgt, die wir besprochen haben. Das lässt sich nicht vermeiden.

Ebenso wichtig ist es, sich anzugewöhnen, im Alltag stets rational zu urteilen. Entscheidungen müssen wir jeden Tag treffen. Wenn wir uns impulsiv entscheiden, dann beruht das Urteil auf den Instinkten, das heißt auf Eigeninteresse. Anstatt spontan zu reagieren, sollte man daher zunächst tief Luft holen und sich fragen, ob die Entscheidung, die man zu treffen im Begriff ist, nicht auf selbstsüchtigen Begierden beruht. Wenn man diesen Zeitpuffer zwischen die eigenen Gedanken und Handlungen schiebt, kann man vernünftig und rational urteilen. Diesen Vernunftschaltkreis im Gehirn zu installieren, ist ein wichtiger Schritt in der Loslösung von den Begierden.

Selbstsüchtige Begierden zu unterdrücken heißt, einen reinen und altruistischen Geist zu entwickeln. Ich finde, die höchste menschliche Tugend ist, die Interessen anderer vor die eigenen zu stellen. Wenn man erst einmal zu einer Einstellung der Selbstlosigkeit und Rücksichtnahme gefunden hat und sein Leben dem Dienst am Mitmenschen widmet, plagen einen auch die weltlichen Begierden nicht mehr, das Herz wird frei von Giften, und die Begierden werden rein.

Das Schwert der Rechtschaffenheit führt zum Erfolg

In Kapitel 4 wird der altruistische Geist ausführlich behandelt, aber ich möchte schon hier sagen, dass das reine, selbstlose Be-

KAPITEL 3

gehren, der Welt und den Mitmenschen zu dienen, immer erfüllt wird. Weil es das höchste Begehren ist, das ein Mensch haben kann, führt Altruismus immer zu den bestmöglichen Ergebnissen im Leben. Begehren dagegen, die von Selbstsucht überschattet sind, bringen zwar oft kurzfristigen Erfolg, der aber auch schnell vorüber ist, und führen vor allem dazu, dass, wie es Koichi Tsukamoto formuliert, das »Schwert des Bösen« gezogen wird.

Koichi Tsukamoto (1920–1998) war der Gründer von Wacoal, einem weltweiten Unterwäsche- und Oberbekleidungshersteller. Er bewegte sich in denselben Businesskreisen Kyotos wie ich, und ich lernte ihn gut kennen. Tsukamoto hatte im Krieg die Schlacht von Imphal in Nordostindien mitgemacht. Gegen Ende des Zweiten Weltkriegs hatte das japanische Heeresoberkommando eine Offensive angesetzt, um vom bereits besetzten Burma aus Indien zu erobern und so die gegen Japan vorrückenden alliierten Truppen zu binden. Die Offensive scheiterte, und die japanischen Streitkräfte wurden unter fürchterlichen Verlusten nach Burma zurückgetrieben. Tsukamotos Zug war ursprünglich 55 Mann stark; er war einer von dreien, die überlebten.

Im Durcheinander der japanischen Nachkriegszeit ging Tsukamoto zunächst mit Modeaccessoires hausieren und baute daraus allmählich ein erfolgreiches Unternehmen auf. Dass er im Krieg so knapp dem Tod entronnen war, ließ ihn glauben, Gott sei auf seiner Seite und daher müsse jedes Geschäft, das er beginne, ein Erfolg werden. Eines Tages aber nahm ihn sein vertrautester Mitarbeiter, der Vizepräsident der Firma, beiseite und mahnte ihn: »Sie haben recht, Gott ist auf Ihrer Seite – aber nicht, wenn Sie das Schwert des Bösen ziehen. Sie haben zwei Schwerter, das der Rechtschaffenheit und das des Bösen. Wenn Sie das erste benutzen, haben Sie mit allem Erfolg, das Sie anfangen. Aber wenn Sie das andere benutzen, gelingt Ihnen nichts. Das zeigt, dass Gott mit Ihnen ist, denn er hilft Ihnen, wenn Sie das Schwert der Rechtschaffenheit benutzen, aber wendet sich ab, wenn Sie das des Bösen benutzen.«

Tsukamoto war beeindruckt von der scharfen Beobachtungsgabe des Vizepräsidenten – und ich auch, als er mir davon erzählte. Das Schwert des Bösen steht für unreine und selbstsüchtige Begierden, Gedanken, die von Selbstsucht beschmutzt sind, für Alleingänge zum persönlichen Gewinn. Eben weil diese selbstsüchtigen Begierden so stark sind, kann der Erfolg nicht lange anhalten. Wenn das Begehren dagegen rein und selbstlos ist und wenn wir ihm mit Herz und Seele nacheifern, können wir langfristig erfolgreich sein.

Zugegeben, manchmal geht einem alles schief, obwohl man sich fleißig um ein Ziel bemüht. Aber gerade dann, wenn wir nicht mehr weiterwissen, bekommen wir oft eine Inspiration oder plötzliche Offenbarung aus völlig unerwarteter Quelle, die uns zeigt, was wir tun müssen. In diesen Momenten der Offenbarung hat man das Gefühl, als ob einem der Schöpfer des Universums einen Schubs in den Rücken gebe. Ein japanisches Sprichwort sagt, »Niemand entkommt dem Netz des Himmels«. Es mag zwar scheinen, als beachte uns Gott nicht, aber er beobachtet sehr sorgfältig und achtet auf Gut und Böse. Wenn wir daher langfristigen Erfolg wollen, müssen unsere Visionen und Ziele rein sind. Wir müssen zunächst mit reinem Herzen, frei vom Ich, begehren, und dann müssen wir das Schwert der Rechtschaffenheit ziehen. Nur dann können wir unsere Ziele erreichen und gedeihen.

Arbeit bringt die meiste Freude

Ein weiterer wesentlicher Faktor, um die Seele zu verfeinern und den Charakter zu bilden, ist Fleiß. Nur durch harte Arbeit und entschlossenes Bemühen wachsen wir spirituell und gewinnen an Charaktertiefe.

Ich glaube, dass wir durch die Arbeit wahrhafte Freude erfahren. Bestimmt wird mancher jetzt einwenden, einseitige Konzentration auf den Job mache das Leben langweilig und man brauche auch Zeit zur Entspannung und für andere Interessen. Was die Betreffenden nicht einsehen, ist, dass wir anderen Interessen nur deshalb Freude abgewinnen, weil unsere Arbeit erfüllend ist. Wenn wir nicht mit dem Herzen bei der Arbeit sind, können wir andere Dinge kurzfristig genießen, erleben aber nie die wahre Freude, die ungezwungen von Herzen kommt.

Die Freude an der Arbeit hat nichts mit der kurzfristigen Befriedigung zu tun, die man beim Lutschen eines Bonbons empfindet. Eine alte Weisheit sagt, die Wurzeln der Arbeit sind bitter, aber ihre Früchte süß. Freude quillt in uns auf, wenn wir uns durch Probleme und Prüfungen hindurchmühen; sie wartet auf uns, wenn wir die Versuchungen bestehen, die mit den Entbehrungen kommen. Ungeheure Befriedigung liegt darin, Prüfungen zu bestehen und sein Bestes zu geben, und deshalb ist die Freude, die wir durch harte Arbeit erlangen, so verschieden von der, die wir durch Spaß erleben. Es gibt keine größere Freude als die Freude an der Arbeit. Für die meisten von uns macht die Arbeit den größten Teil des Lebens aus. Wenn wir in ihr keine Erfüllung finden, wird uns immer etwas fehlen, auch wenn wir uns noch so sehr bemühen, anderswo Freude zu finden.

Fleißiges Arbeiten schenkt uns nicht nur Erfüllung, sondern erhebt und verfeinert unseren Charakter und hilft uns, eine Lebensphilosophie auszuarbeiten. In der Praxis des Zenbuddhismus führen die Wandermönche alle täglichen Arbeiten im Kloster aus, von der Essenszubereitung bis zum Fegen des Hofs. Für die Mönche sind diese Aufgaben eine Form der Meditation: Es gibt im Grunde keinen Unterschied zwischen den täglichen Arbeiten und dem Zustand spirituellen Einsseins, den man durch Meditation zu erreichen sucht. Im Buddhismus gilt die Alltagsarbeit als spirituelle Praxis, fleißig zu arbeiten ist ein Weg zur Erleuchtung.

Erleuchtung bedeutet, die Seele zu erheben. Es ist die höchste und äußerste Spiritualität, die man zu erreichen versucht, wenn man an der Verfeinerung seiner Seele arbeitet. Der Buddha hat uns die *rokuharamitsu* gelehrt, die Vollkommenheit der Sechs Tugenden, um zur Erleuchtung zu gelangen.

Die *Sechs Vollkommenheiten*

Die *rokuharamitsu* hilft uns dabei, auf dem Weg des Buddha dem Zustand der Erleuchtung ein wenig näher zu gelangen, indem sie uns folgende sechs grundlegende Übungen zur Verfeinerung des Bewusstseins und der Erhebung der Seele ans Herz legt:

1. *Fuse:* Selbstloses Geben. Es bedeutet, dass man die Mitmenschen wichtiger als sich selbst nimmt und sich bewusst darauf konzentriert, freundlich zu anderen zu

sein. Obwohl der Begriff *fuse* sich in Japan gewöhnlich auf Almosenspenden bezieht, bedeutete er ursprünglich, anderen Menschen selbstlos zu dienen, auch um den Preis persönlicher Opfer, und, wenn das nicht möglich ist, sich um ein großzügiges und mitfühlendes Herz zu bemühen. Wir können unsere Seelen erheben, wenn unser Herz voll der Liebe zu unseren Mitmenschen ist.

2. *Jikai:* Auch bekannt als Befolgung der buddhistischen Vorschriften. *Jikai* heißt, nichts Falsches zu tun. Als Menschen tragen wir zahlreiche weltliche Begierden in uns. Wir haben bereits gesehen, dass Gier, Unzufriedenheit und Wut drei spirituelle Gifte sind, die sehr schwer auszurotten sind; daher müssen wir uns bemühen, unsere selbstsüchtigen Begierden zu beherrschen und unser Reden und Handeln an der Rechtschaffenheit zu orientieren. Weltliche Begierden wie Gier, Selbstzufriedenheit, Zweifel oder Neid zu beherrschen, ist *jikai*.

3. *Shojin:* *Shojin* zu praktizieren bedeutet, sich bei allem, was man tut, fleißig zu bemühen. Ich sehe diese grundlegende Übung als den Geist, der einen dazu bringt, härter zu arbeiten als alle anderen. Das Leben großer Menschen wie Ninomiya Sontoku, des ungebildeten Bauern aus der Einleitung, ist ein ausgezeichnetes Beispiel dafür, wie fleißiges Bemühen das Bewusstsein erhebt und den Charakter verfeinert.

4. *Ninniku:* Sich in Geduld zu üben, wenn man auf Schwierigkeiten stößt, ist *ninniku*. Das Leben ist voller Höhen und Tiefen, und wir geraten in unserer kurzen

Lebenszeit oft in Schwierigkeiten. Sich in Geduld zu üben bedeutet, sich auch dann weiter zu bemühen, wenn man verzweifeln will. Es heißt, sich nie von den Problemen überwältigen zu lassen und ihnen auch nicht aus dem Weg zu gehen. Geduld unter schwierigen Umständen stärkt den Geist und verfeinert den Charakter.

5. *Zenjo:* In unserer turbulenten, geschäftigen Gesellschaft eilen wir stets auf die Zukunft zu und haben kaum Zeit, gründlich nachzudenken. Daher müssen wir mindestens einmal täglich innehalten, um das Getöse unserer Gedanken zu beruhigen und still nach innen zu schauen, indem wir uns konzentrieren und unseren Geist auf einen einzigen Punkt richten. Es ist gar nicht nötig, dass man dazu regelrecht meditiert. Halten Sie sich einfach einen Moment im vollen Terminkalender frei, um Ihren Geist zur Ruhe zu bringen. Wenn Sie sich die Zeit zum Nachdenken nehmen, praktizieren Sie *zenjo*.

6. *Chie:* Durch das Üben der fünf genannten Tugenden wiederum erreichen wir *chie*, die ewige Wahrheit des Universums, und den Zustand der Erleuchtung. Im Moment der Erleuchtung nähern wir uns der großen Wahrheit, die die ganze Natur bewegt und das Universum beherrscht – wir nähern uns der *chie*, von der der Buddha spricht.

Durch tägliche Arbeit das Bewusstsein verfeinern

Die sechs grundlegenden Übungen der *rokuharamitsu* zeigen uns den Weg zur Erleuchtung. Unter diesen Übungen ist *shojin*, das fleißige Bemühen, im Alltag am leichtesten auszuführen, und *shojin* zu üben ist die grundlegendste und wichtigste Methode zur Verbesserung des Charakters. Entscheidend im Leben ist, dass man sich stets und unermüdlich bemüht und nie aufgibt, sondern immer sein Bestes gibt, welche Rolle oder Arbeit einem auch gegeben ist, ob bei der Arbeit, zu Hause oder in der Schule. Der Weg zur Verfeinerung des Charakters, um den Geist zu erheben und Erleuchtung zu erreichen, findet sich daher in der täglichen Arbeit.

Ich fühle mich sehr zu Menschen hingezogen, die ihr Leben einer einzigen Aufgabe widmen, etwa den Schreinermeistern, die mit traditionellen Handwerkstechniken die buddhistischen und shintoistischen Tempel Japans errichten und erneuern. Sie haben durch langes und unermüdliches Bemühen ihr Fachgebiet gemeistert und ihren Charakter verfeinert. Ihre herausragenden Fähigkeiten, die unerschütterliche Philosophie, die sie aus ihrer Arbeit gewonnen haben, und die Klarheit ihrer Erkenntnis rühren eine Saite in meinem Herzen an. Wenn ein Schreiner, der sein ganzes Leben einer einzigen Aufgabe gewidmet hat, 75 oder 85 Jahre alt wird, sind das Gewicht seines Charakters und die Kraft seiner Präsenz geradezu spürbar. Was er sagt – meist wenige Worte, und auch das nicht oft –, scheint nahezu mystisch: »Das Holz hat Leben.« »Der Baum spricht zu mir.«

Solche Männer wirken weit edler als große Philosophen oder religiöse Führer. Sie sind sich für keine Mühe zu schade und erdulden in ihrem ganz auf die Sache gerichteten Streben, ihr Handwerk zu meistern, immer wieder Prüfungen und Entbehrungen. Es liegt etwas Ehrfurchtgebietendes in der Charaktertiefe, die sie erreichen, und der Höhe, die ihre Gedanken durch dieses fleißige

Bemühen (*shojin*) erklimmen. Solche Männer zeigen mir, was für ein edles Tun die Arbeit ist. Ihr *shojin* erinnert mich daran, dass Erleuchtung wirklich in der Alltagsarbeit zu finden ist.

Nicht nur Handwerker können *shojin* üben, sondern auch Sportler. Ichiro Suzuki (geb. 1973), ein bekannter japanischer Baseballspieler, der in der amerikanischen Major League spielte, erreichte sein überragendes Können durch *shojin*. Er wollte schon von Kindheit an in der Major League spielen und trainierte ohne Ausnahme jeden Tag. In einem Alter, in dem die meisten Kinder lieber draußen spielen, hatte er schon ein Ziel, auf das er fleißig hinarbeitete. Als Ichiro in der Highschool war, soll er gesagt haben: »Wenn Sie mir sagen, ich soll einen Treffer landen, dann lande ich einen Treffer.« Das war keine Arroganz, sondern er war ganz einfach mit harter Arbeit und Entschlossenheit so weit gelangt, dass er seiner Treffsicherheit völlig sicher war. Heute sehen wir an ihm die Ergebnisse von *shojin*.

Niemand hat je eine Profession ohne stetiges, fleißiges Bemühen gemeistert. Nur indem man seine Arbeit liebt und sich bemüht, sein Bestes zu geben, kann man die Bedeutung und den Wert des Lebens erkennen, seinen Geist verfeinern, den Charakter formen und die Wahrheit des Lebens meistern.

Die Bedeutung der Arbeit; durch Fleiß seinen Stolz zurückgewinnen

Zu Beginn dieses Kapitels habe ich ausgeführt, dass die japanische Gesellschaft die Tugend der Demut zurückgewinnen muss. Ich glaube, auch der Fleiß ist eine Tugend, die Japan wiedererlangen muss.

KAPITEL 3

In der modernen Zeit und insbesondere seit dem Zweiten Weltkrieg werden Bedeutung und Wert der Arbeit übertrieben materialistisch ausgedrückt. Die japanische Gesellschaft hat materiellen Wohlstand als Endziel des persönlichen Strebens akzeptiert und geht davon aus, Arbeit bedeute, seine Arbeitszeit für Geld zu verkaufen. Diese Auffassung, dass die Arbeit nur dazu diene, den Lebensunterhalt zu verdienen, hat natürlich die Auffassung zur Folge, dass man so viel Geld wie möglich mit so wenig Aufwand wie möglich zu verdienen versuchen solle. Diese Auffassung ist in ganz Japan allgemein geworden und dringt sogar bis in die Schulen vor.

Erzieher sind sehr wichtig für die Charakterbildung der Schüler in ihren prägenden Jahren; sie lenken und unterstützen die Kinder. Lehrer zu sein ist daher mehr als gewöhnliche Arbeit. Es ist eine edle Profession, eine geheiligte Berufung, deren Praktizierende als gute Vorbilder dienen müssen. Aber die heutigen Lehrer scheinen ihre Integrität verloren zu haben. Sie haben den Stolz auf ihre Profession aufgegeben und sehen sich nur noch als bloße Arbeiter, die ihre Zeit stundenweise verkaufen, um den Schülern Wissen zu vermitteln. Das Handeln und die Einstellung der japanischen Lehrer sind indirekte Ursachen für den Verfall des Bildungssystems unseres Landes, in dem auch die Disziplin in den Klassenräumen zusammengebrochen ist.

Japan war nicht immer so. Das japanische Volk erhielt sich den Geist der fleißigen Arbeit die ganze Phase des raschen Wirtschaftswachstums bis Anfang der 1970er-Jahre hindurch. Aber als der Westen anfing, die Japaner zu kritisieren, weil sie zu hart arbeiteten, begannen Regierung und Privatwirtschaft eilfertig, die durchschnittliche Wochenarbeitszeit zu senken und für mehr

Freizeit zu sorgen. Bald wurde begeisterter Arbeitseifer fast als Verbrechen gesehen. In Japan ging diese Veränderung der Einstellung fast unbemerkt vonstatten, und die Menschen schätzen die Arbeit nicht mehr so wert wie früher.

Ich möchte die westliche Lebensanschauung, die Muße als Voraussetzung für Seelenfrieden und Gelassenheit sieht, nicht kritisieren, halte es aber für einen großen Fehler, dass Japan den Wert harter Arbeit nicht mehr anerkennt und stattdessen das Konzept der Freizeit als Mittel zur Erlangung von Gelassenheit einführte, ohne zunächst dessen mögliche Auswirkungen auf die japanische Kultur zu untersuchen. Einen weiteren Fehler begingen die Japaner, als sie die Arbeit nur noch als Mittel zur Erlangung des Lebensunterhalts zu betrachten begannen. Wie schon gesagt, spielt die Arbeit eine wichtige Rolle bei der Verfeinerung der Seele und der Formung des Charakters. Es ist noch nicht lange her, dass Japan und andere fernöstliche Länder diesen spirituellen Aspekt der Arbeit voll anerkannten und ihn als Mittel zur Bildung von Charakter und Menschlichkeit ansahen.

General Douglas MacArthur, der nach dem Krieg der amerikanischen Militärregierung für Japan vorstand, sagte in einer Anhörung vor dem US-Kongress zur Fernostpolitik der USA aus, Japans Arbeitskräfte seien sowohl in Qualität wie Quantität der geleisteten Arbeit denen aller anderen Länder überlegen, und merkte an, die japanischen Arbeiter hätten tiefen Respekt vor der Arbeit und verstünden, dass man eher durch Arbeit denn durch Freizeit glücklich werde.

In der Vergangenheit fanden die Japaner also tiefe Bedeutung in der Arbeit und schätzten sie. Sie wussten sehr wohl, dass fleißiges Bemühen ihrem Leben Wert und Bedeutung gab und ihre Herzen bereicherte, und sie sahen die Arbeit als Zweck ihrer Existenz an. Sie hatten die Spiritualität, die Freude an der Arbeit höher zu schätzen als die an der Freizeit, die Fähigkeit, selbst langweilige Aufgaben durch Neuerungen genießbar zu machen, und die Weisheit, die Verantwortung für ihre Arbeit freiwillig und nicht gezwungen zu übernehmen.

Heute, da wir den Wert der Arbeit fast ganz aus den Augen verloren haben, wird es Zeit, ihre Bedeutung neu zu bewerten. Menschen wachsen an ihrer Arbeit. Indem sie sich ihrer Arbeit widmen, erheben sie ihren Geist und bereichern ihre Seele und verbessern ihr Leben damit letztlich erheblich.

KAPITEL 4

IN EINER HALTUNG SELBSTLOSEN DIENENS LEBEN

Begegnung mit dem Mitgefühl

Im September 1997 nahm ich den Namen Daiwa an und wurde zum Laienpriester am Enpukuji-Tempel in Kyoto geweiht. Ich hatte meine Ausbildung bereits im Juni beginnen wollen, aber unmittelbar davor wurde bei mir Magenkrebs diagnostiziert, und ich musste mich operieren lassen. Am 7. September dann, etwas über zwei Monate nach der Operation, trat ich gemeinsam mit den regulären Priestern die Ausbildung an, lebte aber weiterhin draußen in der Welt.

Zwei Monate später zog ich dann für kurze Zeit ganz in den Tempel, um mich asketischen Übungen zu widmen. Weil ich noch nicht völlig von meiner Krebsbehandlung genesen war, fielen mir die Übungen nicht leicht, aber sie bescherten mir ein unvergessliches Erlebnis. Anfang des Winters war ich mit einigen Priestern unterwegs, um *takuhatsu* zu üben – das ist der buddhistische Bettelgang um Almosen. Wie die anderen trug auch ich nur eine dünne Baumwollrobe, geflochtene Strohsandalen und einen Strohhut auf dem geschorenen Kopf, als wir uns vor die Haustüren der Menschen stellten und Gebete rezitierten. *Takuhatsu* war körperlich sehr anstrengend für jemanden wie mich, der diese Übung nicht gewohnt war. Meine Zehen, die vorne über die Sandalensohle hinausragten, waren bald wund vom Straßenpflaster, und nach nur einem halben Tag Bettelgang fühlte sich mein Körper wie ein alter Putzlappen an.

Dennoch mühte ich mich unverzagt mit den anderen stundenlang von Tür zu Tür. Endlich, als die Abenddämmerung anbrach, wandten wir uns nach Hause, und ich schleppte meinen schmerzenden Körper zurück zum Tempel. Unterwegs kamen wir in einem Park an einer alten Frau im Overall vorbei, die die Wege fegte. Als sie uns erblickte, eilte sie herbei, ohne auch nur den Besen abzustellen, und schob mir 500 Yen in meinen Beutel, als sei das ganz selbstverständlich.

Ich war noch nie so bewegt und unbeschreiblich selig wie in diesem Augenblick. Ohne Zögern oder auch nur eine Spur Herablassung schenkte diese Frau, die sicher nicht reich war, einem bloßen Novizen 500 Yen. Durch ihren spontanen Akt des Mitgefühls fühlte ich mich von göttlicher Liebe berührt. Ihre Handlung war schlicht, aber sie war die Manifestation der menschlichsten aller Eigenschaften: warmherziger Freundlichkeit und der Fähigkeit, zuerst an andere zu denken. Ihre spontane gute Tat lehrte mich das Wesen des Altruismus.

Der traditionelle buddhistische Begriff für Altruismus ist Mitgefühl; im Christentum heißt er Nächstenliebe. Altruistisch zu handeln und zu denken bedeutet, sich dem Dienst an den Mitmenschen und der Umwelt zu widmen. Ich glaube, Altruismus ist unverzichtbar im Leben allgemein und für Manager wie mich im Geschäftsleben. Das klingt vielleicht großspurig, ist aber nur vernünftig. Der Dienst am Mitmenschen beginnt mit der Sorge um die Menschen unserer Umgebung: Wir möchten unseren Kindern gutes Essen geben, unseren Ehepartner zum Lächeln bringen, den alten Eltern alle Mühsal abnehmen, nachdem wir sie, als wir klein waren, so geplagt haben. Zu arbeiten, um die eigene Familie zu ernähren, einem Freund zu helfen, die Eltern zu versorgen – diese einfachen Handlungen tragen am Ende zum Wohl der Gesellschaft, des Landes, der Welt bei. In diesem Sinn ist der altruistische Akt der Frau, die mir das Almosen gab, durchaus vergleichbar mit den Taten Mutter Teresas.

Der Mensch wird mit dem Verlangen geboren, den Mitmenschen und der Welt zu dienen. Wenn ich bedenke, wie viele junge Menschen in Gebieten, die von Naturkatastrophen betroffen sind, als freiwillige Helfer arbeiten, dann bin ich überzeugt, dass Altruismus für die menschliche Seele eine natürliche Reaktion ist. Ich bin sicher, dass mir viele zustimmen, wenn ich sage, dass wir tiefstes, reinstes Glück nicht dann empfinden, wenn wir unser Ego zufriedenstellen, sondern wenn wir unseren Mitmenschen geben. Weise Menschen wissen, dass derjenige, der sich dem Dienst am Nächsten widmet, auch selbst profitiert.

Ihre Einstellung kann die Hölle in ein Paradies verwandeln

Vor über 40 Jahren, als Kyocera noch ein sehr kleines Unternehmen war, pflegte ich neuen Mitarbeitern zu sagen: »Ihre Eltern und viele andere haben Ihnen geholfen, im Leben bis hierher zu kommen. Jetzt, da Sie eine Arbeit aufnehmen, sind Sie an der Reihe, etwas beizutragen. Als Erwachsener sollten Sie nicht mehr erwarten, etwas zu bekommen, sondern etwas zu geben. Sie müssen Ihren Blickwinkel um 180 Grad ändern.«

Diese Botschaft vermittelte ich den Neueingestellten deshalb, weil Kyocera noch zu klein war, um seinen Mitarbeitern angemessene Sozialleistungen zu zahlen. Universitätsabsolventen, die in das Unternehmen eingetreten waren, hatten sich oft beklagt, weil sie bessere Bedingungen erwarteten, als Kyocera bieten konnte. Ich kam bald darauf, dass Menschen, die von anderen abhängen, sich immer darüber beklagen, was sie nicht haben. Ich sagte unseren neuen Mitarbeitern: »Es stimmt, wir sind ein kleines Unternehmen und haben noch kein richtiges System oder die nötigen Einrichtungen. Aber Sie sind diejenigen, die diesem Unternehmen helfen, zu wachsen und sich weiterzuentwickeln, damit wir später einmal angemessene Sozialleistungen bieten können.«

Mit diesen Worten wollte ich meinen Angestellten erkennen helfen, dass sie als nunmehrige Erwachsene ihren Blickwinkel komplett verändern und anfangen sollten, anderen etwas zu geben. Damals kannte ich weder den Begriff *Altruismus,* noch hatte ich eine feste Philosophie, die ihn beinhaltete, aber dennoch lehrte ich die jungen Kyocera-Mitarbeiter, wie wichtig es ist, sich ständig zu bemühen, den Mitmenschen zu dienen, wie unbedeutend diese Dienste auch sein mögen.

Als ich in Enpukuji zum Priester geweiht wurde, erzählte mir ein weiser Priester eine Geschichte, die verdeutlicht, wie wichtig es ist, seine Mitmenschen wichtiger als sich selbst zu nehmen und ihnen zu dienen, auch wenn man dafür persönliche Opfer bringen muss.

»Ich habe gehört, dass es in der nächsten Welt einen Himmel und eine Hölle geben soll«, fragte ein junger buddhistischer Priester einen älteren. »Wie sieht die Hölle denn aus?«

»Nun, es stimmt, dass es einen Himmel und eine Hölle gibt«, erwiderte der ältere Priester. »Aber sie sehen ziemlich gleich aus, zumindest oberflächlich. Der einzige Unterschied ist in den Herzen derer, die dort leben.« Sowohl im Himmel wie in der Hölle, so der ältere Priester, gebe es einen großen Kochtopf, gefüllt mit wohlschmeckenden Nudeln, aber das einzige Essbesteck, das man bekommt, sind meterlange Essstäbchen. Die Insassen der Hölle tauchen alle gleichzeitig mit ihren Stäbchen in den Topf und wollen ihren eigenen Hunger stillen und erwischen zwar die Nudeln, können sie aber mit den viel zu langen Stäbchen nicht an den Mund bringen. Frustriert versuchen sie, einander das Essen abzunehmen, woraufhin die Nudeln in der Gegend herumfliegen. Am Ende verhungern sie, gequält vom Anblick des wohlschmeckenden Essens.

Im Himmel ist alles genauso, aber alle bieten die Nudeln, die sie aus dem Topf gefischt haben, jeweils dem Gegenübersitzenden an und sagen: »Hier, nimm du zuerst.« Der andere nimmt das Essen und sagt: »Danke, und lass mich deine Freundlichkeit erwidern.« Ihre Herzen sind zufrieden.

Die Geschichte des weisen Priesters zeigt, dass wir zwar alle in derselben Welt leben, aber ob wir sie als Himmel oder Hölle erleben, hängt davon ab, ob wir Wärme und Mitgefühl für andere haben. Das ist der Grund dafür, dass ich meinen Mitarbeitern immer wieder sage, wir müssen eine altruistische Geisteshaltung entwickeln. Gute Geschäftspraxis erfordert, dass das Herz von Rücksichtnahme auf die Mitmenschen und die Umwelt erfüllt ist.

Anderen zu nützen ist der Anfangspunkt des Geschäfts

In der heutigen Geschäftswelt herrscht das Prinzip vom Überleben des Stärksten, und oft wird der Verdacht laut, ich verfolge eigennützige Motive, wenn ich über die Wichtigkeit von Altruismus, Nächstenliebe und der Sorge für den Mitmenschen spreche. Aber ich bin nicht daran interessiert, hinter schönen Worten ein anderes Ziel zu verstecken, sondern versuche nur darzulegen, woran ich glaube und was ich praktiziere.

Die Geschichte zeigt, dass der Kapitalismus aus der christlichen Zivilisation entsprang, besonders aus der puritanischen Ethik. Der deutsche Politologe und Soziologe Max Weber (1864–1920) postuliert, die ersten Kapitalisten seien fromme Protestanten gewesen, die strengen moralischen Regeln auf der Basis der Nächstenliebe folgten. Weil sie harte Arbeit ehrten und es sich angelegen sein ließen, die Gewinne aus gewerblicher Tätigkeit der Verbesserung der Gesellschaft zukommen zu lassen, bemühten sich die Protestanten nur mit fairen Mitteln um Gewinne. Der letztendliche Zweck ihrer geschäftlichen Aktivitäten war es, der Gesellschaft zu nützen. Der puritanische Geist des Dienstes am Mitmenschen und der Welt sowie die entschlossene Selbstlosigkeit der Puritaner bildeten so die ethische Grundlage des Frühkapitalismus. Gemäß der puritanischen Geschäftsethik übten die frühen Kapitalisten strenge Selbstzucht und sahen es als ihre Pflicht, den Mitmenschen zu helfen. Dadurch entwickelte sich die kapitalistische Wirtschaft rasch.

Der japanische Philosoph Ishida Baigan (1685–1744) vertrat Geschäftsprinzipien, die denen der Puritaner gleichen. In der Mitte der Edozeit begann in Japan die Umgestaltung von einer Feudalherrschaft auf Grundlage bäuerlicher Landwirtschaft zu einer auf Handel gegründeten Warenwirtschaft. Im japanischen Klassensystem standen die Kaufleute allerdings ganz unten in der Gesellschaft, und profitorientierte Geschäfte waren verpönt. Im Gegensatz zur seinerzeit vorherrschenden Meinung sagte Baigan, es gebe keinen Grund, sich für Profitstreben zu schämen. Wenn es legitim sei, dass ein Samurai eine Pension erhalte, so Baigan, dann sei es auch legitim, dass ein Händler aus dem Verkauf von Waren Gewinn ziehe. Seine Worte waren eine große Ermutigung für Japans Kaufleute, die in ihren Geschäften durch soziale Diskriminierung bedrückt wurden.

Baigan lehrte auch, dass die Methoden, mit denen man nach Gewinn strebt, immer auf dem Prinzip der Gerechtigkeit gegründet sein müssen. Er betonte, wie wichtig es sei, bei kommerziellen Geschäften einem ethischen Kodex zu folgen, und bestand darauf, dass ein Kaufmann so handeln solle, wie es menschlich anständig sei, und sich nicht zu unethischen Mitteln hinreißen lassen solle, um Geld zu machen. Er sagte: »Ein wahrer Kaufmann denkt vom Standpunkt des anderen aus, nicht nur von seinem eigenen.« Baigan glaubte, der Kern des Geschäftemachens bestehe eben darin, auch an den Profit des Kunden zu denken, was ihn zu der These führte, ein Geist des »Profitierst du selbst, sollen auch die anderen profitieren« solle die Triebkraft aller Geschäftstätigkeit sein.

Selbstlosigkeit erweitert den Blickwinkel

Das Streben nach Gewinn ist die treibende Kraft im Geschäftsleben, ähnlich wie bei vielen anderen Unternehmungen, und es ist nichts Falsches daran, Geld verdienen zu wollen. Wir sollten dem Profit allerdings nicht nur für uns selbst nachstreben. Wir müssen »gierig« das begehren, was für andere am besten ist, und danach streben, das Gemeinwohl zu fördern. Tun wir das, werden auch wir selbst profitieren, und der Umfang unseres Profits wird sich erhöhen.

Ein Unternehmen zu betreiben, ist zum Beispiel schon an sich ein Dienst am Mitmenschen und der Gesellschaft. Obwohl das japanische Lohnsystem, das auf lebenslanger Einstellung beruht, allmählich zerfällt, akzeptiert der Arbeitgeber seine Verpflichtung, seine Angestellten den größten Teil ihres Lebens über zu versorgen. Ob man nun fünf oder zehn Mitarbeiter hat – diese Menschen einzustellen, bedeutet, dass man etwas zum Nutzen der Mitmenschen tut.

Auch im Privatleben können wir unseren Mitmenschen dienen, insbesondere unseren Angehörigen. Vor der Heirat konzentriert sich der Mann gewöhnlich auf sein eigenes Leben. Wenn er heiratet und eine Familie gründet, geht es für ihn danach hauptsächlich darum, zu arbeiten, um seine Frau und die Kinder zu ernähren. Durch die Heirat orientiert der Mann sein Handeln hin zum Dienst an den Mitmenschen, auch wenn der Wechsel unbewusst stattfindet. Wir müssen allerdings immer gewahr sein, dass selbstloses Dienen und persönlicher Gewinn zwei Seiten derselben Medaille sind. Wenn wir unser Handeln aus einer breiteren Perspektive betrachten, sehen wir, dass ein kleiner Akt der Nächstenliebe leicht selbstsüchtig werden kann.

Wenn wir zum Beispiel etwas für unsere Familie oder unsere Firma tun, handeln wir im Dienst der Mitmenschen, aber sowie wir uns nur noch darauf konzentrieren, für unsere eigene Familie oder Firma möglichst viel herauszuholen, ohne Rücksicht auf andere Menschen zu nehmen, wird das Handeln egoistisch und selbstsüchtig. Wenn wir nur noch an den Nutzen für unser eigenes Unternehmen denken, dient alles Bemühen nur dazu, das Ego der Firma zu stärken. Dasselbe gilt für unsere Familien. Daher ist es wichtig, das Leben aus einer breiteren Perspektive zu betrachten, damit wir unseren Dienst am Mitmenschen auf eine höhere Ebene heben und unser Handeln zum Gesamtbild in Bezug setzen.

Anstatt uns auf den Nutzen unserer Firma zu konzentrieren, sollten wir uns bemühen, das Geschäft so zu betreiben, dass es auch den Kunden, den Verbrauchern, den Anteilseignern und der Gemeinschaft nützt. Wir sollten unseren Geist erheben, sodass der Bereich unseres selbstlosen Dienstes sich vom Einzelnen auf die Familie, von der Familie auf die Gemeinschaft, von der Gemeinschaft auf die Gesellschaft, von der Gesellschaft auf das Land und die Welt und von der Welt auf das Universum erweitert. Wenn wir unsere Perspektive erweitern und dessen gewahr werden, was um uns herum geschieht, können wir objektive und sinnvolle Entscheidungen treffen und vermeiden Fehler.

Selbstlosigkeit als Motiv zur Firmengründung

Die Tugend der Selbstlosigkeit ist eine mächtige Triebkraft, die Hindernisse zerstören und uns Erfolg bringen kann. Ich habe die Macht der Tugend selbst erlebt, als ich Anfang der 1980er-Jahre ins Telekommunikationsgeschäft einstieg. Heute herrscht auf diesem Gebiet eifrige Konkurrenz zwischen mehreren Unternehmen, aber in der 1980er-Jahren hatte die regierungseigene Nippon Telegraph and Telephone Corporation (NTT) noch ein Monopol auf den Telekommunikationsmarkt. Das führte dazu, dass die Gebühren für die Kunden weit höher waren als in anderen Ländern, und die japanische Regierung beschloss, den Markt zu deregulieren, um den Wettbewerb zu fördern.

Nach der Privatisierung von NTT durften sich andere Bewerber auf dem Telekommunikationsmarkt engagieren. Niemand war jedoch bereit, gegen NTT anzutreten, und der Konzern beherrschte den Markt weiter. Es war klar, dass ohne gesunde Konkurrenz die Gebühren nicht sinken und NTT nur dem Namen nach ein Privatunternehmen bleiben würde. Ich fühlte mich gezwungen, etwas zu unternehmen. Obwohl Kyocera im Vergleich zu NTT ein Zwerg war und keine Erfahrung auf dem Gebiet der

Telekommunikation hatte, wusste ich, dass die Öffentlichkeit, wenn wir nur herumsaßen und zuschauten, niemals in den Genuss gesunden Wettbewerbs und seiner Vorteile käme. Ich wusste außerdem, dass ein Konkurrenzkampf mit NTT wie der Don Quijotes gegen Windmühlen wäre, glaubte aber trotzdem, dass wir uns daran wagen sollten, weil Kyocera als Risikokapitalunternehmen dieser Herausforderung gewachsen sei.

Ich äußerte dieses Vorhaben für mein Unternehmen aber nicht offen, weil ich zunächst sichergehen wollte, dass meine Motive für den Einstieg in den Telekommunikationsmarkt vollständig selbstlos waren. Ich fragte mich jeden Abend vor dem Schlafengehen: »Tust du das wirklich für das Gemeinwohl? Bist du sicher, dass du es nicht für das Unternehmen oder für deinen eigenen Profit oder für gesellschaftliche Anerkennung willst? Sind deine Motive rein und völlig selbstlos?« Immer wieder überprüfte ich meine Absichten.

Ein halbes Jahr später war ich mir endlich sicher, dass meine Absichten frei von Eigeninteresse waren, und ich machte mich an die Gründung von DDI (heute KDDI). Als Kyocera die Entscheidung zum Eintritt in den Telekommunikationsmarkt bekannt gab, stellten meine Mitarbeiter und ich jedoch fest, dass zwei andere Unternehmen ebenfalls vorhatten, mit NTT um Marktanteile zu konkurrieren. Unter diesen drei neuen Bewerbern galt DDI als derjenige, der am wahrscheinlichsten bankrottgehen würde. Das war nachvollziehbar, weil wir als einziges Unternehmen keine Vorerfahrung auf diesem Gebiet und auch keine entsprechende Technik hatten. Wir würden die technische Infrastruktur, die ein Telekommunikationsanbieter braucht – wie

Kabelnetze und Sendemasten –, erst aufbauen müssen, und dazu mussten wir den schweren Nachteil überwinden, dass wir kein ausgebautes Vertriebsnetz hatten.

Bereit sein, um anderer willen Verluste hinzunehmen

Trotz dieser Handicaps waren die Verkaufsergebnisse von DDI aber die besten unter den drei Neulingen am Markt. Ich werde oft gefragt, wie DDI das geschafft hat, aber es gibt eigentlich nur eine Antwort: Es lag an unserem selbstlosen Begehren, den Menschen Japans zu dienen.

Vom Beginn unserer Arbeit bei DDI an mahnte ich meine Mitarbeiter immer wieder, dieses Projekt sei eine einmalige Gelegenheit, wie sie sich nur einmal im Leben bietet. Mit diesem Projekt könnten wir, so sagte ich, die Gebühren für Ferngespräche deutlich senken und damit unseren Mitbürgern einen großen Dienst erweisen. Wir sollten daher dankbar für diese Gelegenheit sein und sie voll ausnutzen. Alle Beteiligten an der Gründung von DDI teilten diese selbstlose Entschlossenheit. Sie unterstützten das Projekt nicht aus persönlichem Gewinnstreben, sondern für Japan. Sie wollten unbedingt, dass es Erfolg hatte, und widmeten sich ganz dem Streben nach einem guten Ausgang. Unser Wunsch, den Mitmenschen zu dienen, brachte uns breite Unterstützung von Händlern und Kunden ein.

Nicht lange nach der Gründung von DDI bot ich den Mitarbeitern die Gelegenheit, Aktien des Unternehmens zum Nennwert zu kaufen, um ihre harte Arbeit zu belohnen und ihnen meine Anerkennung auszudrücken. Als Gründer hätte ich mir leicht die meisten Anteile sichern können, aber ich entschied mich dafür, gar keine für mich zu behalten, weil ich es falsch gefunden hätte, ein Eigeninteresse an DDI zu haben. Hätte ich auch nur eine einzige Aktie besessen, hätte ich mich nicht gegen Behauptungen verteidigen können, dass ich DDI nur des Profits wegen gegründet habe. Außerdem, so glaube ich, hätte sich das Unternehmen dann in eine andere Richtung entwickelt.

Der Start der Mobiltelefonsparte von DDI, als *au* bezeichnet, verlief genauso wie die Gründung von DDI selbst. Von Anfang an war ich überzeugt, dass dem Mobiltelefon eine große Zukunft bevorstand und es das Leben der Menschen sehr erleichtern würde. Aber als DDI sich auf diesen Markt ausdehnte, trat zeitgleich ein anderes Unternehmen mit demselben Ziel an. Das wäre normalerweise kein prinzipielles Problem gewesen, aber da in Japan die verfügbaren Sendefrequenzen sehr beschränkt waren, konnte neben NTT nur jeweils ein anderes Unternehmen Netzwerke für Mobiltelefone anbieten. DDI und der Mitbewerber mussten den Markt also regional unter sich aufteilen.

Weil die dicht bevölkerten Ballungsgebiete natürlich den meisten Gewinn abwerfen würden, wollten beide Unternehmen diese Bereiche für sich haben und konnten zu keiner Einigung über die Regionaleinteilung der beiden künftigen Netze gelangen. Ich schlug schließlich vor, Strohhalme zu ziehen, weil mir das am gerechtesten erschien. Das Fernmeldeministerium legte allerdings Einspruch dagegen ein, eine so wichtige Entscheidung dem Zufall zu überlassen. Dauerte der Stillstand in den Verhandlungen aber zu lange, würde sich das Mobiltelefon in Japan nie durchsetzen. Daher bot ich an, dem Konkurrenten von DDI den größeren Marktanteil zu überlassen – einschließlich der Großstädte und des Chubu-Distrikts – und uns mit den ländlichen Bereichen zu begnügen.

Der DDI-Vorstand wollte wissen, warum ich der Konkurrenz das Fleisch und uns nur die Knochen lassen wollte, aber ich erinnerte die Vorstandsmitglieder an das Sprichwort »Einen Kreuzer verloren, einen Taler gewonnen« und überzeugte sie schließlich, dass wir diesen Kreuzer in einen Topf voller Gold verwandeln könnten, wenn wir alle zusammenarbeiteten, und vereint machten wir uns an die Arbeit. Entgegen aller Erwartung wuchs die Mobiltelefonsparte von DDI rasch, und au ist jetzt ein fast gleich starker Konkurrent von NTT DoCoMo.

Ich glaube, der Erfolg von DDI und au beweist, dass das Verlangen, den Mitmenschen zu dienen, die Gnade Gottes auf uns herabzieht und immer zu guten Ergebnissen führt.

Unternehmensprofite sind ein Treuhandvermögen, das man zum Nutzen der Gesellschaft einsetzen sollte

Die Unternehmensphilosophie von Kyocera lautet, »Gelegenheit für das materielle und intellektuelle Wachstum aller unserer Mitarbeiter zu bieten und durch gemeinsame Anstrengung zum Fortschritt der Gesellschaft und der Menschheit beizutragen«. Das Ziel einer Unternehmensleitung ist zuallererst, den Lebensunterhalt und das Wohlergehen der Mitarbeiter zu sichern. Gilt das Bestreben des Unternehmens ausschließlich dem Wohl der eigenen Mitarbeiter, wird sein Gewinnstreben früher oder später selbstsüchtig. Ein Unternehmen ist eine öffentliche Einrichtung und hat als solche die Pflicht, den Menschen und der Gesellschaft zu dienen. Mein Pflichtgefühl gegenüber der Menschheit inspirierte mich dazu, den zweiten Halbsatz in die Unternehmensphilosophie von Kyocera einzufügen, der das Ziel des Unternehmens vom Egozentrischen ins Altruistische wendet.

Ich gab mir große Mühe, ein altruistisches Management zu erreichen, als ich Kyocera gründete. Als das Unternehmen einige Jahre alt war, bat ich meine Mitarbeiter anlässlich der Auszahlung der Boni am Jahresende, einen Teil des Geldes der Gesellschaft zu stiften. Ich sagte zu, dass Kyocera die Summe, die dabei zusammenkam, verdoppeln und mit dem Gesamtbetrag Lebensmittel für Menschen kaufen würde, die sich keine Neujahrsfeier leisten konnten. Unsere Mitarbeiter begrüßten meinen Vorschlag begeistert. Das war das erste von vielen Wohltätigkeitsprojekten, die Kyocera durchführte. Von Anfang an praktizierte Kyocera einen Geist des Dienstes am Mitmenschen und tut das bis heute, indem es die Früchte unserer Arbeit dem Wohl der Gesellschaft zuführt.

Ich selbst habe 1985 insgesamt 20 Milliarden Yen aus meinen Kyocera-Anteilen und anderen Vermögenswerten zur Gründung der Inamori Foundation eingesetzt und den Kyoto Prize gestiftet, eine Auszeichnung, die für herausragende Leistungen in Spitzentechnologie, Grundlagenforschung, Kunst und Philosophie verliehen wird. Meine Motivation war der Glaube, dass die größte Tat, die einem Menschen möglich ist, der Dienst an der Gesellschaft ist. Der Kyoto Prize ist heute international sehr angesehen und gilt in Japan als gleichwertig mit dem Nobelpreis.

Der unternehmerische Erfolg mit Kyocera hat mir zwar unerwarteten Reichtum eingebracht, aber ich wusste immer, dass ich diese Gewinne den entschlossenen Bemühungen und der Unterstützung vieler anderer zu verdanken hatte, und habe sie daher nie als mein Privateigentum betrachtet. Es erschien mir vielmehr angebracht, den Reichtum, den ich erlangt hatte – besser: der mir anvertraut worden war –, der Gesellschaft zurückzugeben. Der Kyoto Prize ist mein Beitrag, die Welt zu verbessern, und gleichzeitig ein Ausdruck meiner Philosophie des Dienstes am Mitmenschen.

Im Jahre 2003 verlieh mir die Carnegie Foundation die Andrew Carnegie Medal of Philanthropy als Anerkennung meiner wohltätigen Aktivitäten. Vor mir hatten unter anderem bekannte Philanthropen wie Bill Gates, George Soros und Ted Turner diese Auszeichnung erhalten. Ich war der erste Japaner unter den Empfängern. In meiner Dankesrede erklärte ich, dass Kyocera und KDDI, die beiden Unternehmen, die ich gegründet und aufgebaut hatte, unvorstellbar gewachsen seien und infolgedessen enorme Vermögenswerte angehäuft hätten. Weil ich Andrew Carnegies Überzeugung teile, dass private Vermögen dem öffentlichen Wohl zugutekommen sollten, fühle ich mich verpflichtet, mit dem mir von der Vorsehung anvertrauten Reichtum die Lage meiner Mitmenschen und die Welt insgesamt zu verbessern. Dieses Bestreben hat mich dazu inspiriert, Zeit meines Lebens zahlreiche soziale und philanthropische Projekte zu fördern.

Ich habe ja bereits erwähnt, dass Gewinnstreben immer gerecht bleiben muss, und Gerechtigkeit sollte auch die Grundlage für die Verteilung des Reichtums sein. Es ist weit schwieriger, Reichtümer einzusetzen, als sie zu erwerben. Geld, das man im Geiste selbstlosen Dienstes am Nächsten erworben hat, sollte auch in diesem Geist eingesetzt werden, und nur wenn ich meinen Reichtum auf die richtige Weise verteile, kann ich einen wirkungsvollen Beitrag zum Wohl der Gesellschaft leisten.

Das Land braucht eine auf Tugend gegründete Politik

Unsere Einstellung zu den Ereignissen in unserem Leben – das heißt, ob wir mit guten oder schlechten Absichten an sie herangehen – bestimmt den Lauf unseres Lebens. Wenn man zum Beispiel mit jemandem über ein Problem diskutiert, um den anderen dazu zu bringen, einzugestehen, dass er an dem Problem schuld ist, wird das Ergebnis ein ganz anderes sein, als wenn man an den anderen mit der Absicht herantritt, das Problem zu lösen, und mit ihm in der Annahme diskutiert, auch er suche nach einer Lösung. Die erzielten Ergebnisse hängen davon ab, ob man bei der Diskussion auf sein Gegenüber eingeht.

Ende der 1990er-Jahre, als Handelsbeschränkungen die Beziehungen zwischen Japan und den USA belasteten, engagierte ich mich für die Gründung des US-Japan 21st Century Committee, eines zweiseitigen Forums, in dem sich Teilnehmer hauptsächlich aus der Wirtschaft austauschen konnten, um die Zusammenarbeit zwischen beiden Ländern zu verbessern. Dabei sollten sich, so schlug ich vor, die Teilnehmer von beiden Seiten des Pazifiks bewusst jeglicher polarisierender Kritik und aller Anschuldigungen enthalten.

Ich wusste, dass dieses Forum nichts zuwege bringen würde, solange die Teilnehmer einander Vorwürfe machten oder Zugeständnisse vom jeweils anderen verlangten. Diskussionen, die mit selbstsüchtigen Motiven, mit dem Wunsch zu gewinnen oder ohne Rücksicht auf den Standpunkt und Hintergrund des

Gegenübers geführt werden, sind sinnlos und vertiefen nur das Misstrauen. Ich wollte erreichen, dass die Forumsteilnehmer die Position der Gegenseite respektierten und einander aufmerksam zuhörten. So sollte, statt dass wir uns in unsere Positionen verbissen, ein Gespräch auf der Grundlage selbstloser Rücksichtnahme zustande kommen.

Außerdem schlug ich vor, dass Japan, falls nötig, den Anfang mit Zugeständnissen machen solle, weil die USA in der Nachkriegszeit sehr großzügig gegenüber Japan gewesen seien. Die Amerikaner hatten uns, ohne nachtragend zu sein, nach dem Zweiten Weltkrieg mit Lebensmitteln und Technik beliefert und ihre riesigen Märkte für japanische Produkte geöffnet, sodass die japanische Wirtschaft wieder in Gang kam und rasch wuchs. Natürlich hatten die USA dafür ihre eigenen Gründe, die in ihrer globalen Strategie lagen, aber dennoch blieb es eine Tatsache, dass sie uns äußerst nachsichtig behandelt hatten, und jetzt war Japan an der Reihe, sich großzügig zu zeigen. Ich hielt es für die Pflicht Japans als einer der großen Wirtschaftsnationen der Erde, sich den Geist der Selbstlosigkeit und Großzügigkeit anzueignen, der Voraussetzung für Kompromisse ist.

Das US-Japan 21st Century Committee tagte über zwei Jahre hinweg und legte schließlich den Regierungen beider Länder seinen Abschlussbericht vor. Die Ergebnisse des Diskussionsforums zeigen, dass der Geist der Rücksichtnahme und die Pflege der Tugend der Schlüssel für die zukünftige Gestaltung Japans sind. Heita Kawakatsu (geb. 1948), Professor am International Research Center for Japanese Studies, vertritt die These, dass ein wohlhabendes Land wie Japan sich auf Tugend, nicht auf

Reichtum, gründen solle und dass der Reichtum eines Landes gemäß ethischen Grundsätzen eingesetzt werden solle, um anderen Menschen und Ländern zu helfen. Durch den Einsatz guter Taten anstatt militärischer oder wirtschaftlicher Macht erwerben wir Vertrauen und den Respekt anderer Nationen, so Kawakatsu.

Ich stimme ihm zu. Die Politik eines Landes sollte auf Tugend beruhen. Japan hat die bösen Folgen einer auf selbstsüchtiges Verfolgen der eigenen Vorteile gerichteten Politik selbst erfahren müssen und sollte daher die Führung übernehmen, wenn es darum geht, zuerst an das Wohl anderer Länder zu denken, und anderen ein Beispiel geben. Anstatt eine wirtschaftliche oder militärische Supermacht werden zu wollen, sollten wir uns lieber dem Nation Building auf Grundlage der Tugend zuwenden. Anstatt uns im Errechnen geschäftlicher Vorteile oder dem Prahlen mit militärischer Stärke hervorzutun, sollten wir eine nationale Ethik aufbauen, die den edlen Geist der menschlichen Tugenden widerspiegelt. Von diesem Standpunkt aus sollten wir unsere Beziehungen mit der Welt führen.

Wenn wir unsere nationale Politik zuvörderst auf Tugend gründen, wird Japan in der Weltgemeinschaft zum geschätzten und respektierten Partner. Auch die Gefahr eines Überfalls durch andere Länder wird dadurch so gut wie ausgeschlossen, sodass Tugend auch die beste Verteidigungspolitik ist.

Haben wir grundlegende Tugenden vergessen?

Der chinesische Revolutionär Sun Yat-sen (1866–1925), der als Vater des modernen China gilt, hielt 1924 im japanischen Kobe eine berühmte Rede, in der er die fernöstliche mit der europäischen Herrschaftsweise verglich. Mit militärischer Stärke zu herrschen – die Herrschaft der Macht, wie es im Altertum hieß –, sei der Weg des Westens, behauptete er. Die fernöstliche Zivilisation beruhe dagegen auf der Herrschaft des Rechts oder dem Königsweg. Hier führten die Herrscher ihr Volk mit Tugend an. Sun Yat-sen drängte Japan, das gerade dabei war, sich auf den Weg der Macht zu begeben, auf den Königsweg zurückzukehren.

Leider fuhr Japan fort, sich auf militärische Stärke zu verlassen, und stürzte sich Hals über Kopf in den Zweiten Weltkrieg. Auch nach der Niederlage folgte es weiter dem Weg der Macht, setzte aber dieses Mal auf wirtschaftliche statt militärischer Überlegenheit. Jetzt aber ist für Japan und das japanische Volk die Zeit gekommen, den Königsweg zu gehen und die Tugenden der Rücksichtnahme und der Nächstenliebe wieder zur Grundlage des Handelns zu machen. Versäumen wir dies, wird Japan, so fürchte ich, weiterhin schwere Fehler begehen.

In der Tendai-Sekte des Buddhismus gibt es den Leitsatz »*Mohko rita*«, den man etwa mit »Sich selbst vergessen, anderen dienen« wiedergeben kann. Der Tendai-Priester Etai Yamada (1900–1999) lehrte mich, die Bedeutung dieses Spruchs sei, sein eigenes Ich beiseitezulassen und sich ganz dem Dienst am Nächsten zu widmen. Ich hege große Sorge, dass die japanische Gesellschaft dabei ist, die wichtigen Kulturtugenden der Rücksicht und des selbstlosen Dienens zu verlieren. Vergessen wir diese Tugenden, bleiben uns nur noch selbstsüchtige Begierden, deren negative Ergebnisse wir in Japan bereits jetzt zu spüren bekommen.

Vor einigen Jahren wurde ein Neunzehnjähriger wegen Mordes an einer vierköpfigen Familie zum Tode verurteilt, obwohl er in seinem Alter noch unter das Jugendstrafrecht fallen würde, das keine Todesstrafe vorsieht. Während des Verfahrens hatte sich herausgestellt, dass der Täter nicht nur das Verbrechen vorausgeplant, sondern bereits mit eingerechnet hatte, im Falle einer Verurteilung vor der Todesstrafe sicher zu sein. Ein Reporter kommentierte, wenn der Jugendliche das Gesetz gekannt hätte, hätte er vielleicht von seinem Mordplan abgelassen. Wichtiger als die Kenntnis des Gesetzes wäre für diesen Jungen allerdings gewesen, erst einmal das grundlegende moralische und ethische Prinzip zu kennen, dass man nicht töten darf. Das Tötungsverbot ist nicht nur ein Gesetz, sondern ein moralischer Grundsatz.

Die Erziehung muss zur moralischen Charakterbildung werden

Warum haben wir unsere grundlegenden moralischen Prinzipien verloren? Wie konnten wir den Geist der Rücksicht und des selbstlosen Dienens vergessen? Die Antwort ist einfach: Die Erwachsenen haben ihren Kindern diese Prinzipien nicht vermittelt. Die Mehrheit der Japaner, die in den 60 Jahren seit Ende des Zweiten Weltkriegs geboren wurden, hat nie moralische Werte beigebracht bekommen. Ich weiß das, weil ich vor dem Krieg geboren wurde und eine moralische Erziehung erhielt.

Im Japan der Nachkriegszeit wird die persönliche Selbstständigkeit zu sehr betont und zu sehr individuell ausgelegt. Kinder bekommen zu viel Freiheit, ohne zu lernen, dass Freiheit auch Verantwortung bedeutet. Die japanische Nachkriegsgesellschaft hat es versäumt, die Tugenden zu erlernen, die uns menschlich

KAPITEL 4

machen, und in der Folge die grundlegenden Regeln für ein Zusammenleben in der Gesellschaft verloren.

Früher bot die Religion dem Menschen die Philosophie, die ihn durchs Leben führte. Die Lehren des Buddhismus, des Christentums und anderer Religionen boten die moralische Lebensgrundlage. Sie lehrten, dass Gott oder der Buddha über uns wacht und wir, wenn wir Böses tun, die Folgen zu spüren bekommen. Außerdem hieß es in den religiösen Lehren, dass Gott oder Buddha diejenigen, die Gutes tun, niemals im Stich lassen, ob diese Taten nun von den Menschen bemerkt würden oder nicht. Diese religiösen Sätze zwangen dazu, über die Ethik des Handelns nachzudenken. Mit dem Aufkommen der wissenschaftlichen Zivilisation kam die Religion aus der Mode, und wir haben die moralischen, ethischen und philosophischen Prinzipien, die uns früher leiteten, allmählich vergessen.

Der Philosoph Takeshi Umehara (1925–2019) sagte, der moralische Verfall der Gesellschaft würde von einem Mangel an Glauben verursacht, und ich stimme ihm zu. Im Japan der Nachkriegszeit gab es eine starke Tendenz, Moral und Ethik aus Alltag und Schule zu verbannen, und zwar als Reaktion auf die Gedankenkontrolle durch den totalitären Staatsshintoismus während des Zweiten Weltkriegs. Selbst heute wird trotz aller groß verkündeten Erfolge bei der Einführung eines umfassenden Bildungssystems in Japan kaum etwas unternommen, um den Charakter der Kinder durch moralische Erziehung in der Schule zu bilden. Zusätzlich hat die übermäßige Betonung der Individualität nach dem Krieg dazu geführt, dass die Kinder nicht einmal in den grundlegendsten Regeln und Moralgrundsätzen unterrichtet werden. Selbst in Kindergärten wird liberale Erziehung gepflegt, und Kinder, die zu klein sind, um moralische Prinzipien zu verstehen, sind auf sich selbst gestellt. Ihnen wird die Möglichkeit verwehrt, die grundlegendsten und notwendigsten gesellschaftlichen Regeln zu lernen, bevor sie erwachsen werden.

Kinder und Jugendliche müssen die Gelegenheit erhalten, darüber nachzudenken, was es bedeutet, ein Mensch zu sein und rechtschaffen zu leben, während sie körperlich, geistig und emotional heranwachsen. Außerdem muss die Erziehung das richtige Verständnis für die Bedeutung der Arbeit vermitteln. In der japanischen Gesellschaft bestimmt die Schulbildung eines Menschen seinen Wert. Wer besonders gute schulische Leistungen bringt, wird von den anderen Schülern getrennt und bevorzugt behandelt. Das Ergebnis ist, dass junge Leute ein verzerrtes Bild vom Wert der Arbeit haben. Gute Noten und eine Stellung als Beamter oder bei einem Großkonzern werden idealisiert, während bildungsunabhängige Fähigkeiten wie Geschicklichkeit und ein gutes Verhältnis zu den Kollegen vernachlässigt werden.

Um dieser Tendenz entgegenzuwirken, müssen wir unseren Kindern beibringen, dass es eine große Vielfalt an Berufen gibt und dass es das entschlossene Bemühen jedes Einzelnen in seinem jeweiligen Beruf ist, das Alltag und Fortschritt erst ermöglicht. Auf dieser Grundlage können wir einem Kind, das gerne Friseur werden möchte, das praktische Wissen vermitteln, das es braucht, um in diesem Beruf zu arbeiten. Das ist die Art Berufsausbildung, die wir unseren Jugendlichen geben müssen.

Es kommt nicht darauf an, welchen Beruf man hat. Harte Arbeit in diesem Beruf, gleichgültig ob man Tempelschreiner, gewöhnlicher Schreiner, Schneider, Bauer, Fischer und so weiter ist, bildet den Weg zur Verfeinerung der Seele und der Erhebung des Charakters. Verständnis für das Wesen der Arbeit sollte ein Schwerpunkt des Bildungssystems sein.

Aus Fehlern der Vergangenheit lernen; ein neues Japan aufbauen

Seit dem Eintritt in die Neuzeit scheint Japan etwa alle 40 Jahre einen Wendepunkt in seiner Geschichte zu erleben. Mit dem Beginn der Meiji-Restauration 1868 beendete Japan seine Feudalzeit, es begann mit dem Aufbau einer modernen Nation und dem raschen Aufstieg zu Wohlstand und militärischer Macht. 1905 gewann Japan den Krieg gegen Russland, wurde zu einer Großmacht und erhöhte sein internationales Ansehen dramatisch. Der Sieg beschleunigte Japans Bemühen um den Aufbau militärischer Stärke und brachte das Land auf den Weg zu Militarismus und Aggression. 1945 verlor es im Zweiten Weltkrieg. Aus der Asche der Niederlage heraus änderte Japan seinen Kurs abermals und konzentrierte sich nun auf den Erwerb von Reichtum, was in einem phänomenalen Wirtschaftsaufstieg des Landes resultierte. 1985 unterzeichnete Japan das Plaza-Abkommen, um den Yen gegenüber dem Dollar aufzuwerten und das Handelsdefizit zu verringern. Das war der Gipfelpunkt der japanischen Wirtschaftsmacht. Auf das Plaza-Abkommen folgten der Zusammenbruch der Wirtschaftsblase und eine langjährige Rezession.

Blickt man auf diese Vierzigjahreszyklen von Wohlstand und Krise zurück, sieht man deutlich, wie Japan mehrfach in den Wettstreit mit anderen Nationen um materiellen Reichtum eingetreten ist. Insbesondere nach dem Zweiten Weltkrieg, als Wirtschaftswachstum das oberste Ziel wurde, suchten japanische Firmen und Persönlichkeiten begeistert nach Wegen, um ihren Profit zu erhöhen, ein Ziel, das sich bis heute gehalten hat. Die anhaltende Stagnation der japanischen Gesellschaft und Wirtschaft erfordert, dass Japan seinen Kurs drastisch ändert, aber die Japaner kämpfen immer noch um den Vorrang. Ihr einziger Erfolgsmaßstab ist die Gewinnmaximierung, sodass sie bei den geringsten Schwankungen im Bruttoinlandsprodukt (BIP) zwischen Hoffnung und Verzweiflung pendeln.

Japan jagt ohne moralische Leitlinien dem Profit nach und lebt gemäß der Herrschaft der Macht, bei der Gier die Motivation bildet und materieller Wohlstand durch Überleben der Stärksten Priorität hat. Aus dieser Staats- und Lebensform müssen wir einen Ausweg finden.

Es ist nämlich längst klar, dass das gegenwärtige Wertesystem Japans eine Sackgasse ist. Wenn wir unsere nationale Identität weiterhin auf ungezügeltes Wirtschaftswachstum gründen, stecken wir auf ewig im selben Teufelskreis fest, nämlich in einer Abwärtsspirale, durch die wir immer schneller trudeln, bis unsere moralischen Grundsätze irgendwann noch tiefer liegen als am Ende des Zweiten Weltkriegs. Unsere zunehmenden lokalen und nationalen Defizite, das Schneckentempo der Verwaltungsreform und der Verfall der gesellschaftlichen Vitalität als Symptom des Geburtenrückgangs sind düstere Vorzeichen für Japans Zukunft. Wenn Japan im Jahr 2025 in einen neuen Vierzigjahreszyklus eintritt, steht es möglicherweise einer Krise gegenüber, die keinen hoffnungsvollen Neubeginn, sondern sein Ende als

Nation bringt. Es ist an der Zeit, neue nationale Ideale und eine neue Leitlinie für das Leben des Einzelnen einzuführen, um das gegenwärtige Ideal des Wirtschaftswachstums abzulösen.

Unser kollektiver Wahn der Gier und des Wachstums betrifft nicht nur die japanische Wirtschaft. Die drängenden und schwerwiegenden globalen gesellschaftlichen Fragen – und sogar die globalen Umweltprobleme – wurzeln im ungehemmten Profitstreben. Solange wir uns weigern, den ungezügelten Drang nach unbegrenztem Wachstum und Konsum aufzugeben, erschöpfen wir nicht nur die begrenzten Ressourcen unseres Planeten, sondern zerstören auch die Umwelt, von der wir doch abhängig sind. Wenn wir auf dem gegenwärtigen Kurs bleiben, geht nicht nur unser Land bankrott, sondern wir vernichten auch mit eigenen Händen unsere gemeinsame Heimat, die Erde. Wir müssen uns darüber klar werden, dass es sinnlos ist, Luxus und materiellen Vergnügungen nachzujagen, wenn das Schiff sinkt, und umgehend einen Kurswechsel auf der Grundlage einer neuen Philosophie einleiten.

Zufriedenheit aus den Naturgesetzen lernen

Aber wie sieht diese neue Philosophie aus? In welchen philosophischen Boden sollten Japan und das japanische Volk ihre Wurzeln senken? Ich für meinen Teil glaube, dass wir uns der Zufriedenheit und mit der Dankbarkeit und Demut, die sie mit sich bringt, dem Dienst am Nächsten zuwenden sollten.

Die Welt der Natur ist ein ausgezeichnetes Vorbild für die Tugend der Bescheidenheit. Pflanzen werden von Pflanzenfressern gefressen, diese wiederum von Fleischfressern. Kot und Aas dieser

Fleischfresser kehren in die Erde zurück und ernähren die Pflanzen. Aus einem größeren Blickwinkel heraus betrachtet, fügt sich selbst das Prinzip vom Überleben des Stärkeren in die Harmonie des Naturkreislaufs ein.

Anders als der Mensch versuchen Tiere niemals, die Kette des Lebens zu durchbrechen. Wenn Pflanzenfresser sich beim Fressen von Gier leiten ließen, würden sie sämtliche Pflanzen vernichten, den Kreislauf der Natur zerstören und damit das Leben aller Wesen bedrohen. Stattdessen haben sie einen Kontrollinstinkt, der verhindert, dass sie sich überfressen, ebenso wie der Löwe, der nach dem Willen des Schöpfers instinktiv nicht jagt, wenn er satt ist. Weil sich die Lebewesen an das Prinzip der Zufriedenheit halten, bleiben Harmonie und Stabilität der Natur erhalten.

Wir sollten uns die Natur zum Vorbild für Mäßigung nehmen. Wir selbst haben einmal zum Kreislauf der Natur gehört und müssen damals ihr Grundprinzip der Mäßigung gut gekannt haben. Als wir uns aus dem Zwang der Nahrungskette befreiten und die Einschränkungen der Gesetze, denen unsere Umwelt unterliegt, hinter uns ließen, verloren wir auch die Demut, die wir brauchen, um mit anderen Lebensformen zu koexistieren.

Von allen Geschöpfen ist alleine der Mensch mit »höherer« Intelligenz begabt. Unsere geistige Ausnahmestellung hat uns nicht nur die Massenerzeugung von Nahrungsmitteln und Industrieprodukten ermöglicht, sondern auch eine Technologie, die diese Produktion immer effizienter macht. Irgendwann aber verwandelte sich unsere Intelligenz in Arroganz und verstärkte unser selbstsüchtiges Begehren, die Natur zu kontrollieren. Die Mäßigung, die uns einstmals zur Zufriedenheit verhalf, verschwand, und die entfesselte Gier nach Reichtum brachte die Erde an den Rand der Zerstörung.

Wenn die Menschheit erwacht, wird eine Zivilisation der Selbstlosigkeit erblühen

Um unser Schiff namens Erde vor dem Sinken zu bewahren, haben wir keine andere Wahl, als unseren natürlichen Sinn für Mäßigung zurückzugewinnen. Wir müssen die Intelligenz, die Gott uns verliehen hat, in wahre Weisheit verwandeln und lernen, unsere Begierden zu beherrschen. Wir müssen den Geist der Zufriedenheit in unserem Alltagsleben üben, denn wenn wir mit dem, was uns beschieden ist, nicht zufrieden sein können, werden wir niemals Befriedigung erlangen, selbst wenn wir uns alle unsere Begehren erfüllen.

Es ist an der Zeit, sich vom Gewinnstreben zu verabschieden und die Ziele der Nation und des Einzelnen aus den Zwängen des materiellen Reichtums zu befreien. Wir sollten stattdessen herausfinden, wie wir alle friedlich zusammenleben und dabei unsere Seele bereichern können. Das ist der Weg der Zufriedenheit. Laotse, einer der großen Philosophen der chinesischen Frühzeit, sagte: »Wer zufrieden ist, der ist reich.« Zufriedenheit ist der wahre Stein der Weisen. Wenn man nicht erlangen kann, was man sich wünscht, dann wünsche man sich das, was man erlangen kann.

Wir müssen den Geist der Zufriedenheit üben, weil er der Schlüssel zur Weltstabilität ist und auch weil er unsere selbstsüchtigen Begierden in Schach hält und uns mit weniger zufrieden sein lässt, sodass wir unseren Besitz mit unseren Mitmenschen teilen können. Zufriedenheit bedeutet, sich einen liebevollen und großzügigen Geist zu bewahren, der sich an der Freude des Mitmenschen erfreut. Nennen Sie mich naiv und idealistisch, aber ich glaube wirklich, dass die Haltung der Zufriedenheit Japan und die Welt retten wird.

Zufriedenheit bedeutet allerdings nicht, dass man selbstgefällig wird oder die bestehenden Umstände ohne den Versuch der Neuerung hinnimmt. Sie ist nicht dasselbe wie Stagnation oder Defätismus, sondern vielmehr mit dem BIP vergleichbar. Die Gesamtsumme mag gleich bleiben, aber ihr Inhalt, nämlich die industrielle Struktur, ändert sich ständig. Alte Branchen sterben aus, neue kommen auf und nehmen ihren Platz ein. Sie ist eine dynamische, vitale und kreative Lebensweise, in der menschliche Weisheit ständig neue Ideen hervorbringt und sich selbst verjüngt.

In diesem Zustand der Zufriedenheit können wir vom Wachstum zur Reife, von der Konkurrenz zur Koexistenz übergehen und den Weg der Harmonie beschreiten. Wenn wir diesen Weg gehen, werden wir zu Zeugen der Geburt einer neuen Zivilisation, die durch die Tugend des selbstlosen Dienstes am Nächsten motiviert wird. Die Triebkraft der gegenwärtigen Zivilisation ist das Begehren nach mehr: mehr Muße, mehr Essen, mehr Geld. Im Gegensatz dazu wird die neue Zivilisation auf Liebe und Rücksicht für den Nächsten, auf dem Wunsch, anderen beim Wachsen zu helfen und sie glücklich zu machen, beruhen.

Ich weiß nicht genau, welche Form diese Zivilisation annehmen oder was sie beinhalten wird. Vielleicht ist sie auch nur

KAPITEL 4

ein Luftschloss. Aber ich bin überzeugt, dass es nicht darauf ankommt, ob diese neue Zivilisation tatsächlich entsteht, sondern dass wir uns täglich bemühen, sie zu schaffen. Es ist der Vorgang, dorthin zu gelangen, nicht nur das Erreichen, das unsere Seele verfeinert. Wenn wir unseren Geist erheben, indem wir uns bemühen, eine neue, liebevollere Zivilisation zu schaffen, glaube ich, dass der Weg zu einer dienstorientierten Gesellschaft weit kürzer sein wird, als wir es uns je vorgestellt haben.

KAPITEL 5

SICH AUF DEN FLUSS DES UNIVERSUMS EINSTELLEN

Zwei unsichtbare Mächte, die unser Leben beherrschen

Ich glaube, dass es zwei unsichtbare Mächte gibt, die unser Leben beherrschen. Eine dieser Mächte ist das Schicksal. Jeder Mensch wird mit seinem eigenen Schicksal in diese Welt hineingeboren, und obwohl wir nicht wissen, welches unser jeweiliges Schicksal ist, führt beziehungsweise treibt es uns durchs Leben. Mancher wird mir hier nicht zustimmen, aber ich glaube, diese Existenz ist unbestreitbar. Das Schicksal, das jenseits des Zugriffs unseres

KAPITEL 5

Willens und unserer Wünsche wirkt, beherrscht unser Leben und treibt uns ohne Rücksicht auf unsere Gefühle voran, wie ein großer Fluss, der unaufhaltsam dem grenzenlosen Ozean zustrebt.

Aber nimmt das Schicksal uns jegliche Macht über unser Leben? Das glaube ich nicht, denn es gibt noch eine andere unsichtbare Hand, die die Reise des Lebens führt: das universelle Gesetz von Ursache und Wirkung, ein extrem einfaches Gesetz, das Ursachen direkt mit Ergebnissen verbindet. Gute Taten führen zu guten Ergebnissen, und schlechte Taten führen zu schlechten Ergebnissen.

Alle Gegebenheiten des Leben entstehen aus Ursachen, und alle unsere Gedanken und Taten sind die Ursachen, die in unseren Umständen Früchte tragen. Wenn Sie jetzt gerade an etwas denken oder etwas tun, was es auch sei, wird es die Ursache eines Ergebnisses werden. Im weiteren Verlauf werden Ihre Reaktionen auf die Ergebnisse Ihrer Gedanken und Taten weitere Folgen für Ihr Leben erzeugen. Das Leben durchläuft diese endlose Reihe von Kettenreaktionen und wird von ihr beherrscht, vom universellen Gesetz von Ursache und Wirkung.

Das Gesetz von Ursache und Wirkung verweist zurück auf jenen Abschnitt in Kapitel 1, in dem es heißt, dass wir nur diejenigen Dinge anziehen, auf die wir uns konzentrieren, und dass das Leben ein Ausdruck unseres Geistes sei. Ursache und Wirkung verweisen außerdem zurück auf Kapitel 3, in dem es heißt, wie wichtig es sei, den Geist zu verfeinern und zu erheben. Wenn wir das Gesetz von Ursache und Wirkung befolgen und unseren Geist reinigen und erheben, verbessern wir zwangsläufig unser Leben.

Das Schicksal und das Gesetz von Ursache und Wirkung – das sind die beiden großen Prinzipien, die das Leben beherrschen. Das Schicksal ist der Schussfaden, Ursache und Wirkung sind der Kettfaden im Gewebe des Lebens, mit denen wir unsere Existenz weben. Unser Leben entwickelt sich nicht genauso, wie es das Schicksal vorsieht, wegen des Gesetzes von Ursache und Wirkung, und umgekehrt führen gute Taten nicht immer zu guten Ergebnissen, wenn das Schicksal dazwischenkommt. Man muss allerdings stets bedenken, dass das Gesetz von Ursache und Wirkung ein wenig mehr Macht über den Lauf des Lebens als das Schicksal hat. Wir können also den Fluss unseres Schicksals in eine positive Richtung lenken, wenn wir das Prinzip von Ursache und Wirkung richtig einsetzen, indem wir gute Gedanken hegen und gute Taten begehen. Wir werden zwar in gewissem Maße von unserem Schicksal beherrscht, aber unsere Gedanken und Taten haben die Kraft, den Verlauf unseres Lebens zu ändern.

Das Gesetz von Ursache und Wirkung verstehen und sein Schicksal verändern

Die Idee, das Gesetz von Ursache und Wirkung bewusst einzusetzen, begegnete mir zum ersten Mal in *Fate and Establishing One's Destiny* von Masahiro Yasuoka (1898–1983), einem konfuzianischen Gelehrten, der viele japanische Politiker und Wirtschaftswissenschaftler beeinflusste. In diesem Buch erzählt Yasuoka die klassische chinesische Geschichte von Liao-Fan. Diese etwas über 400 Jahre alte Erzählung geht so:

Liao-Fan wurde in eine Ärztefamilie geboren. Sein Vater starb, als er noch klein war, und seine Mutter zog ihn alleine auf.

KAPITEL 5

Als Jugendlicher begann Liao-Fan in der Tradition seiner Vorfahren mit dem Medizinstudium. Eines Tages besuchte ihn ein alter Mann. Der sagte zu ihm: »Ich bin ein Meister der Wahrsagekunst, und gemäß dem Befehl des Himmels bin ich zu Euch gekommen, um Euch zu enthüllen, was ich über Euer Leben erfahren konnte.« Darauf wandte sich der alte Mann an Liao-Fans Mutter und fuhr fort: »Ich nehme an, Ihr beabsichtigt, diesen Jungen in der ärztlichen Kunst ausbilden zu lassen, aber Arzt zu werden ist nicht sein Schicksal. Wenn Liao-Fan erwachsen wird, unterzieht er sich der kaiserlichen Prüfung und wird Beamter im Dienste der Regierung.« Weiter sagte der alte Mann nicht nur voraus, in welchem Alter Liao-Fan die Beamtenprüfung bestehen und welche Benotung er erzielen werde, sondern auch, dass er schon in jungen Jahren zum Provinzgouverneur erhoben und sehr hoch in der Hierarchie aufsteigen werde, dass er heiraten, aber kinderlos bleiben und schließlich mit 53 Jahren sterben werde.

Genau so, wie es der alte Mann vorhergesagt hatte, entwickelte sich Liao-Fans Leben. Eines Tages, als er zum Provinzgouverneur ernannt worden war, besuchte er einen angesehenen Zenmeister und bat, mit ihm meditieren zu dürfen. Der Zenmeister war beeindruckt, wie mühelos Liao-Fan in den Zustand tiefster Versenkung fand, ohne sich ablenken zu lassen. »Ihr habt einen sehr hohen Grad der Bewusstheit erreicht. Wo habt Ihr Eure Ausbildung empfangen?«, fragte er.

Liao-Fan entgegnete, er sei nie im Zen ausgebildet worden, und erzählte ihm von dem alten Wahrsager, der ihn als Jugendlichen besucht hatte. »Alles in meinem Leben ist so gekommen, wie er es vorausgesagt hatte. Es ist mein Schicksal, mit 53 zu sterben, und daher lohnt es sich für mich nicht, dass ich mich um die Zukunft sorge.«

Der Zenmeister ermahnte Liao-Fan streng: »Ich war beeindruckt, dass Ihr schon so jung Erleuchtung erlangt habt, aber jetzt sehe ich, dass Ihr bloß ein Narr seid! Wollt Ihr denn Euer Leben so verbringen, wie es das Schicksal vorschreibt? Wohl ist das Schicksal vom Himmel gegeben, aber das heißt nicht, dass man es nicht ändern kann. Wenn Ihr gute Gedanken hegt und gute Taten vollbringt, könnt Ihr Euer Schicksal überwinden und Eurem Leben eine bessere Richtung geben.«

Liao-Fan nahm sich diese Erklärung des universellen Gesetzes von Ursache und Wirkung zu Herzen und bemühte sich daraufhin, Gutes zu tun und Schlechtes zu lassen. In der Folge wurde er mit einem Kind gesegnet und erreichte ein weit höheres Alter als das ihm vorhergesagte.

Auch wir können unser Schicksal mit unseren Handlungen verändern. Wenn wir uns um gute Gedanken und gute Taten bemühen, können wir das Gesetz von Ursache und Wirkung aktivieren und uns ein besseres Leben schaffen als das vom Schicksal vorgesehene. Wie in Kapitel 1 erklärt, sollte man sich bemühen, das von Masahiro Yasuoka so genannte *ritsumei* zu praktizieren, um den Lauf des Lebens mit der absoluten Wirklichkeit in Einklang zu bringen. Allerdings glauben nicht viele Menschen an *ritsumei*; die meisten schütteln den Kopf und halten es für unwissenschaftlich. Es ist nicht möglich, die Existenz der beiden unsichtbaren beherrschenden Kräfte im Leben mit modernen wissenschaftlichen Kriterien nachzuweisen. Im Licht aufgeklärter

Vernunft scheint die Vorstellung vom Schicksal bloßer Aberglauben und das Gesetz von Ursache und Wirkung ein Schauermärchen für Kinder, um ihnen weiszumachen, Gott werde sie strafen, wenn sie sich nicht benehmen.

Wenn gute Taten sofort und stets gute Ergebnisse brächten, würden die Menschen vielleicht an das Schicksal und das Gesetz von Ursache und Wirkung glauben, aber das geschieht fast nie. Nur selten wird eine gute Tat heute ein entsprechend gutes Ergebnis morgen zeitigen. Anders als in einer mathematischen Gleichung, bei der 1 und 1 immer 2 ergibt, ist die Beziehung zwischen Ursache A und Wirkung B längst nicht so offensichtlich, weil das Schicksal und das Gesetz von Ursache und Wirkung gemeinsam am Gewebe des Lebens arbeiten und daher miteinander wechselwirken. Wenn das Schicksal uns eine düstere Phase im Leben beschert, kann die Wirkung einer guten Tat zu gering sein, um den negativen Einfluss des Schicksals zu überwinden oder sichtbare Ergebnisse zu bewirken; und wenn das Schicksal uns eine sehr positive Lebensphase beschert, können auch schlechte Taten, solange sie nicht sehr schwerwiegend sind, fast ohne fühlbare Konsequenzen bleiben.

Ursache und Wirkung gleichen einander aus

Weil sie die Ergebnisse ihrer guten Taten nicht unmittelbar sehen können, glauben viele Leute nicht an das Gesetz von Ursache und Wirkung, Wirkungen guter Taten treten allerdings nicht schon nach kurzer Zeit ein. Damit unsere Gedanken und Handlungen Früchte tragen, braucht es Zeit. Meistens sind zwei oder drei Jahre noch zu kurz gegriffen; schauen wir uns dagegen das

Leben in Intervallen von 20 oder 30 Jahren an, wird klar, dass Ursache und Wirkung einander immer ausgleichen.

Mehr als 40 Jahre sind vergangen, seit ich Kyocera gegründet habe, und in dieser Zeitspanne habe ich viele Menschen durch das Auf und Ab ihres Lebens gehen sehen. Nach drei oder vier Jahrzehnten, so habe ich dabei bemerkt, sieht man, dass das Endergebnis eines menschlichen Lebens fast immer zu den täglichen Taten und der Lebensweise des Betreffenden passt. Auf lange Sicht verlässt das Pech diejenigen, die sich ernsthaft bemühen und ihren Mitmenschen helfen, während die Faulen und Gleichgültigen der Wohlstand mit der Zeit verlässt. Oberflächlich gesehen scheinen manche Menschen Erfolg im Leben zu haben, obwohl ihre Lebensweise schlecht ist, während andere, die immer das Richtige tun, zeitweise Pech haben; mit dem Verstreichen der Zeit jedoch werden die Lebensumstände allmählich berichtigt, bis das Ergebnis schließlich mit ihrer Lebensweise übereinstimmt und ihre Lage dem entspricht, was sie für Menschen sind. An diesem Punkt ist es dann fast, als stehe ein Gleichheitszeichen zwischen Ursache und Wirkung. Auf lange Sicht tragen gute Taten immer gute Früchte, während schlechte Taten immer schlechte Früchte tragen.

Vor einigen Jahren half Kyocera bei der Sanierung von Mita Industries, einem Kopiererhersteller, der in Schwierigkeiten geraten war. Unter Anleitung von Kyocera verbesserte sich das Geschäftsergebnis von Mita Industries dramatisch, und das Unternehmen konnte seine hohen Schulen schneller als erwartet zurückzahlen. Es ging Mita so viel besser, dass Kyocera und Mita Industries schließlich übereinkamen, gemeinsam ein neues Unternehmen namens Kyocera Mita Corporation zu gründen, das inzwischen ein Eckpfeiler der Kyocera Group ist.

Ein Unternehmen zu sanieren, ist allerdings keine leichte Aufgabe. Vor 20 Jahren musste Kyocera einen aufstrebenden Hersteller von Informationstechnik sanieren. Das Unternehmen hatte aufgrund eines Booms in der Nachfrage einen raschen Aufstieg erlebt, aber als kurz darauf die Nachfrage ausblieb und der Umsatz fiel, sah es sich gezwungen, Kyocera um Hilfe zu bitten. Die Kyocera Group übernahm schließlich die Verantwortung für den Hersteller und die Belegschaft, zu der auch mehrere radikale, extremistische Gewerkschafter gehörten. Obwohl Kyocera ihr Unternehmen und seine Mitarbeiter vor der Katastrophe gerettet hatte, erhoben die Extremisten unbegründete Forderungen, lauerten mir zu Hause auf und verbreiteten böswillige Verleumdungen, wodurch sie mir das Leben sehr unangenehm machten und Kyoceras Ruf schwer beschädigten. Ich konnte nichts tun, außer die Situation, so gut es ging, zu ertragen. Mit der Zeit verstanden jedoch viele Mitarbeiter des sanierten Unternehmens die Position Kyoceras und drückten Kyocera und mir ihre Dankbarkeit dafür aus, dass wir ihre Arbeitsplätze gerettet hatten. Einer der Betroffenen – der frühere Betriebsdirektor des Informationstechnologieherstellers – wurde dann 20 Jahre später der erste Präsident von Kyocera Mita und leitete dessen Sanierung, wobei er viel zum Erfolg des neuen Unternehmens beitrug. Einst hatte er selbst der Rettung bedurft, jetzt war er in der Lage, andere zu retten. Er war tief bewegt von dieser Wendung der Ereignisse und vertraute mir an: »Ich bin gerettet worden, und jetzt rette ich andere. Ich kann nicht anders, als darin die Hand des Schicksals zu fühlen. Indem ich helfe, Mita Industries zu sanieren, bekomme ich die Gelegenheit, die Freundlichkeit zurückzugeben, die mir einst erwiesen wurde. Ich bin außer mir vor Freude.«

Die Worte dieses Mannes bestätigten mir einmal mehr die Tatsache, dass gute Taten auf lange Sicht gute Ergebnisse zeitigen. Als Kyocera noch dabei war, den Informationstechnikhersteller zu sanieren, schienen unsere Probleme enorm, aber es gelang uns, das Unternehmen wiederaufzubauen, und wir wurden mit der Dankbarkeit der Mitarbeiter belohnt. Dieses Erlebnis der Sanierung des betreffenden Herstellers überzeugte mich, dass dieser Kreislauf der Güte sich in der Zukunft erweitern würde, und 20 Jahre später sah ich, dass ich recht hatte.

Das *Caigentan* (»Abhandlung von den Gemüsewurzeln«), eine chinesische Aphorismensammlung aus der Zeit der Ming-Dynastie, vergleicht gute Taten, die scheinbar unbelohnt bleiben, mit Kürbissen im hohen Gras. Sie mögen für unsere Augen unsichtbar sein, wachsen aber trotzdem sehr gut. Man sollte daran denken, dass die Wirkungen unserer positiven Handlungen Zeit brauchen, um sichtbar zu werden, und sich unermüdlich und beständig bemühen, gute Taten zu vollbringen, ohne ungeduldig auf Ergebnisse zu warten.

Das Universum fördert unaufhörlich das Wachstum aller Dinge

Das Gesetz von Ursache und Wirkung ist eine beherrschende Kraft in unserem Leben, weil es mit den Naturgesetzen übereinstimmt. Wie der Ablauf bei der Schöpfung des Universums deutlich zeigt, ist es der Wille des Universums, dass gute Taten immer gute Früchte bringen und niemals schlechte und dass schlechte Taten immer schlechte Ergebnisse und niemals gute bringen. Meine Argumentation ist die folgende:

Die herrschende Theorie über den Ursprung des Universums auf dem Gebiet der Astrophysik ist die Urknalltheorie. Laut ihr begann sich ein unendlich heißer, dichter Klumpen Elementarteilchen vor etwa 13 Milliarden Jahren schlagartig auszudehnen und bildete ein beständig expandierendes Universum. Das Universum expandiert (dehnt sich aus) bis heute wie ein einzelner Organismus.

Während des Urknalls wurde durch eine Reihe scheinbar unmöglicher Ereignisse die Materie des Universums geschaffen. Zuerst bildeten sich Elementarteilchen, die Protonen, Mesonen und Neutronen, und wurden zu Atomkernen zusammengefügt, die sich dann mit Elektronen zu den ersten Atomen kombinierten. Die einzelnen Atome verbanden sich durch Kernfusion mit anderen zu neuen Arten von Atomen, und als bestimmte Arten Atome sich mit anderen Arten verbanden, entstanden Moleküle. Moleküle verschmolzen zu Makromolekülen, und als in diese die DNA eingeführt wurde, entstand das Leben. In einer unfassbar langen Zeitspanne entwickelten sich die ursprünglichen Lebensformen zu höheren Organismen, die sich dann zur Menschheit entwickelten. Die Geschichte des Universums ist also ein dynamischer Prozess evolutionärer Entwicklung von Elementarteilchen zu höheren Organismen.

Aber warum gab es die Evolution? Die ursprünglichen Elementarteilchen hätten einfach in ihrem anfänglichen Zustand verharren oder nach der Entstehung der Atome ihre Weiterentwicklung einstellen können. Warum ging die Evolution immer weiter und erzeugte eine Lebensform nach der anderen, bis der Mensch entstand? Manche behaupten, dass die Einführung des Lebens ins Universum ein Zufall war, aber unaufhörliches Wachstum und unaufhörliche Evolution nur durch Zufall und ohne jeden Zweck wären extrem unnatürlich gewesen. Es ist logischer anzunehmen, die Evolution sei unvermeidlich, also das Ergebnis göttlichen Willens. Das glaube ich zumindest.

Es gibt einen wohlgesonnenen Willen oder eine wohlgesonnene Kraft im Universum, die wie ein Energiestrom wirkt und beständig das Wachstum und die Entwicklung aller Dinge vorantreibt und alle Materie, organische wie anorganische, darunter auch die Menschheit, in eine positive Richtung treibt. Das ist der Wille des Universums, der das Gesetz von Ursache und Wirkung fördert, nach dem gute Taten positive Ergebnisse bringen, und es war der Wille des Universums, der den Prozess der Evolution in Gang setzte, der mit der Verschmelzung von Elementarteilchen zu Atomen, Molekülen und Makromolekülen begann und bis heute anhält. Es ist der Wille des Universums, der alle Dinge in eine positive Richtung lenkt und ihr Wachstum und ihre Entwicklung fördert – das Universum fließt über vor Liebe und Gnade.

Es ist daher von äußerster Wichtigkeit, dass wir unsere Einstellung und Lebensweise stets mit dem großen Willen des Universums (Liebe) in Einklang bringen. Gute Gedanken und gute Taten erfüllen die Absichten des Universums, sodass es nur natürlich ist, dass sie wundervolle Ergebnisse in unser Leben bringen. Alles, worauf ich in diesem Buch bisher eingegangen bin – Dankbarkeit und Ernsthaftigkeit, Fleiß und offene Geisteshaltung, Selbstkritik, die Vermeidung von Neid, der Geist selbstlosen Dienstes am Mitmenschen –, alle diese guten Gedanken und Taten stimmen mit dem Willen des Universums überein und bringen daher unvermeidlich Erfolg, Fortschritt und ein großartiges Schicksal. Erfolg oder Scheitern im Leben und aller unserer Bemühungen werden dadurch entschieden, ob sie mit diesem Willen übereinstimmen, dem Fluss des Universums.

Das Prinzip ist ganz einfach: Das Universum will das Gute für alle Dinge und beschleunigt daher Wachstum und Entwicklung von allem, was sich in ihm befindet. Der Mensch ist da keine Ausnahme; daher haben wir eine Garantie für beste Ergebnisse im Leben und bei der Arbeit, wenn sich unsere Einstellung und Lebensweise im Einklang mit dem Willen des Universums befinden.

Eine große Kraft haucht allen Dingen Leben ein

Die Existenz des Lebens ist nicht das Ergebnis einer Kombination von Zufällen, sondern vielmehr das unvermeidliche Produkt des Willens des Universums. Diese Vorstellung ist nicht ungewöhnlich. Kazuo Murakami (geb. 1936), Professor emeritus der Universität Tsukuba und Genetiker, sah sich infolge seiner genetischen Forschungen zu der Schlussfolgerung gezwungen, dass ein mysteriöser Wille jenseits unseres Verständnisses das Universum beherrsche.

Erstaunlicherweise sind die Genome aller Lebewesen, von einfachen Bakterien bis hin zu komplexen Organismen wie dem Menschen, in Abfolgen von nur vier Aminosäuren (DNA-Molekülen), die durch verschiedene Buchstaben repräsentiert werden, codiert. Die in einem einzigen Gen enthaltene Informationsmenge entspricht drei Milliarden dieser Buchstaben. Wenn wir den Code auch nur eines dieser Gene schriftlich ausdrucken wollten, erhielten wir bei 1000 Buchstaben pro Seite 3000 Bände zu je 1000 Seiten. Wenn man bedenkt, dass das gesamte Genom in jeder einzelnen der etwa 60 Billiarden Zellen des durchschnittlichen menschlichen Körpers vollständig enthalten ist, kann man sich einen Begriff von der Komplexität des Lebens machen.

Die mikroskopische Winzigkeit des DNA-Codes ist nicht weniger erstaunlich. Wenn man die gesamte DNA aller inzwischen über 7 Milliarden Menschen auf der Welt extrahierte und zusammentrüge, wöge sie insgesamt so viel wie ein einziges Reiskorn – so wenig Raum nimmt diese ungeheure Informationsmenge ein.

Diese Tatsachen sind nichts weniger als wunderbar. Es ist einfach unmöglich, dass ein Phänomen mit einem solchen Grad an Komplexität zufällig auftritt. Die einzige mögliche Erklärung für die Existenz des Lebens ist die Wirklichkeit und Wirksamkeit einer Kraft, die das menschliche Verständnis bei Weitem übersteigt, einer Kraft, die Murakami »Großes Etwas« nennt. Menschen können dieses Große Etwas nicht verstehen, aber es hat das Universum und das Leben geschaffen. Manche nennen es Gott. Ich nenne es den Willen des Universums. Wie auch immer man es nennt – und auch wenn man es nicht verstehen kann –, sollte man seine Existenz anerkennen. Anders kann man die Evolution des Universums und den geheimnisvollen und exquisiten Mechanismus des Lebens nicht erklären.

Wir borgen unser Leben von diesem großen Wesen, vom Willen des Universums. Die lebensspendende Energie aus der

KAPITEL 5

Hand des Schöpfers ist im Universum allgegenwärtig und haucht allen Dingen beständig Leben ein. Sie ist die Manifestation der Liebe und Kraft des Universums, die allen Dingen Leben geben möchte.

Ich erinnere mich daran, wie ich vor 30 Jahren den Willen des Universums gespürt habe, als es Kyocera gelang, künstliche Edelsteine zu synthetisieren, die aus denselben Elementen wie natürlich gewachsene bestehen. Um zum Beispiel einen künstlichen Smaragd herzustellen, schmelzen wir Metalloxide und lassen sie langsam abkühlen. Während das rot glühende Rohmaterial abkühlt, fügen wir ihm einen kleinen natürlichen Kristall als Kristallisationskeim hinzu, aus dem der rekristallisierte künstliche Smaragd wächst. Es ist allerdings sehr schwierig, den richtigen Augenblick für die Hinzufügung des Kristalls zu bestimmen. Wenn wir ihn zu früh einführen, schmilzt er selbst, sind wir zu spät, wächst der Kristall nicht. Erst nach siebenjährigen Versuchen gelang es uns, künstliche Edelsteine zu züchten. Als wir den richtigen Zeitablauf kannten, konnten wir dem kleinen Kristall beim Wachsen zuschauen, als sei er lebendig. Es war, als leite eine unsichtbare Hand den Vorgang.

Wie die Erfahrung des Kristallwachstums bei Kyocera lehrt, gibt es im Universum etwas, das unbelebte Materie lebendig wirken lässt, einen stillen, aber mächtigen Willen, ein Begehren, eine Liebe, eine Kraft oder Energie, die will, dass alle Dinge leben. Wir können diese Kraft nicht sehen, aber wir können sie spüren. Sie ist allgegenwärtig im unendlichen Raum; sie ist die Kraft allen Lebens und wacht über Geburt, Wachstum und Aussterben. Sie ist die Mutter, die Triebkraft aller Umstände und Erlebnisse.

Es kommt nicht darauf an, wie man diese unergründliche Macht nennt: den Willen des Universums, etwas Großes, die unsichtbare Hand des Schöpfers. Sie ist mit wissenschaftlichen Maßstäben nicht messbar, aber vertrauen Sie mir, wenn ich sage, dass Sie an die Existenz dieser Kraft glauben und Ihr Leben daran ausrichten sollten. Letztlich entscheidet es über Erfolg oder Scheitern im Leben, ob Sie sich entschließen, an diese große Macht zu glauben; es kann Sie vom Übel der Arroganz befreien und Demut und Güte in Ihnen erwecken.

Die Entscheidung, buddhistischer Priester zu werden

Warum wurden wir vom Schöpfer erschaffen und in diese Welt gesetzt? Warum erhalten wir die Gelegenheit, ein einziges Mal zu leben, versehen mit der angeborenen Fähigkeit, uns beständig zu entwickeln und zu wachsen? Oder, anders gefragt, wie sollten wir unser Leben führen, um in Übereinstimmung mit dem Willen des Universums zu bleiben?

Das ist eine profunde Frage, die über menschliches Verständnis hinausgeht, aber ich glaube, dass die Natur uns zu keinem anderen Zweck als dem folgenden geschaffen hat: Wir sollten unseren Geist erheben und den Edelmut unserer Seelen vermehren, sodass beide, wenn wir sterben, ein wenig besser, ein wenig schöner als bei unserer Geburt sind, und wir sollten uns bis zum letzten Atemzug um gute Gedanken, gute Taten und die Verbesserung unseres Charakters bemühen.

Was immer wir an Reichtum, Ruhm und Rang in dieser Welt erwerben, ist bedeutungslos, wenn wir nicht gemäß dem Willen des Universums leben. Es kommt nicht darauf an, wie erfolgreich wir im Leben sind, wie herausragend unser Geschäftsergebnis oder wie groß unser Vermögen ist. Verglichen damit, wie bedeutsam es ist, unseren Geist zu erheben, sind diese Leistungen wertloser Abfall. Das Endziel des menschlichen Lebens, bestimmt vom Willen des Universums, ist, die Seele zu verfeinern. Dieses Leben ist uns einzig als Übungsgelände für diesen Zweck gegeben.

Wie ich in diesem Buch erklärt habe, müssen wir uns im Alltag beständig bemühen, die *rokuharamitsu* (Sechs Vollkommenheiten) zu praktizieren, wie sie der Buddha gelehrt hat, nämlich *fuse, jikai, shojin, ninniku, zenjo* und *chie*. Ich habe in meinem Leben die inhärente Wahrheit der Sechs Vollkommenheiten immer gespürt, aber als ich 65 Jahre alt wurde, beschloss ich, buddhistischer Priester zu werden und mehr über den Sinn des Lebens zu lernen.

Ich wollte wirklichen Glauben gewinnen. Eigentlich hatte ich mich schon mit 60 Jahren weihen lassen wollen, aber weil mein 60. Geburtstag mit der Gründung der Mobilfunksparte von Kyocera und anderen wichtigen Projekten zusammenfiel, konnte ich mich entgegen meinen Wünschen nicht freimachen. Als ich fast 65 war, sagte ich mir, dass ich jetzt die Priesterweihe nicht mehr länger aufschieben könne, trat von den Posten als Ehrenvorsitzender von Kyocera und DDI zurück und in den Stand eines Laienpriesters über.

Ich habe mir mein Leben immer in drei Teile eingeteilt vorgestellt. Angenommen, dass ich 80 Jahre alt werde, nahm ich die ersten 20 Jahre als Lehrzeit an, um für mich selbst sorgen zu können. Die folgenden 40 Jahre, vom 20. bis 60. Lebensjahr also, wollte ich meinen Nächsten dienen und meinen Charakter verfeinern. Die letzten 20 Jahre schließlich, vom 60. bis 80. Lebensjahr, würde ich mit der Vorbereitung auf den Tod zubringen; das heißt, meine Seele auf ihre Reise vorbereiten. Ebenso wie es 20 Jahre gedauert hatte, mich darauf vorzubereiten, hinaus in die Welt zu gehen und zu arbeiten, würde es wohl auch 20 Jahre dauern, mich darauf vorzubereiten, die Welt wieder zu verlassen.

Zwar bringt der Tod die Vernichtung des physischen Körpers mit sich, aber die Seele ist unsterblich. Weil ich das glaube, sehe ich im Tod den Aufbruch der Seele zu einer neuen Reise und wollte mich angemessen darauf vorbereiten. Also wurde ich Priester, um mich dem Studium des Sinns des Lebens zu widmen.

Unvollkommenheit ist normal; das Bemühen zählt

Der Eintritt in den geistlichen Stand und die Ausbildung zum Priester waren sehr bewegende und geheiligte Erlebnisse. Durch Übungen wie das erwähnte *takuhatsu* (den Bettelgang) berührte mich die Gnade des Buddhas. In mancher Hinsicht lehrte mich meine Zeit als Priester, die Welt mit anderen Augen zu sehen, während ich andererseits erkannte, dass ich mein Leben wie zuvor weiterführen würde. Ein Zensprichwort besagt: »Vor der Erleuchtung hackte ich Holz und holte Wasser. Nach der Erleuchtung hackte ich Holz und holte Wasser.« Auch nach dem Eintritt in den Priesterstand bleibe ich in Staub und Dreck der säkularen Welt eingetaucht, aber ich spüre mit Gewissheit, dass meine Zeit als buddhistischer Laienpriester mich innerlich verändert hat.

Die asketischen Übungen haben mir zum Beispiel die Unreife in meinem Herzen sehr bewusst gemacht. Als Chef bei Kyocera führte ich die Manager und Abteilungsleiter und gab ihnen

Anweisungen. Ich schrieb Bücher, hielt Reden und hielt mich für einen Fachmann auf meinem Gebiet. Aber die buddhistischen Übungen machten mir klar, dass ich manchmal auch unverantwortlich und unangenehm sein konnte, eine Erkenntnis, die mich innehalten und nachdenken ließ. Außerdem wurde mir bewusst, dass jene Menschen, die man als wirklich außergewöhnlich respektieren sollte – jene mit reinem Herzen –, fast immer unbekannt und unerkannt bleiben. Ein wahrer Held, so sah ich, könnte ein freundlicher älterer Herr sein, der in einer Nebengasse wohnt, oder ein Jugendlicher, der sein Glück in der großen Stadt sucht. Ich erkannte, dass solche Menschen und ihre Nächstenliebe derjenigen von Menschen mit Ruhm, Reichtum und Erfolg weit überlegen sind.

Paradoxerweise erkannte ich ebenso, dass gewöhnliche Menschen wie ich niemals zur Erleuchtung gelangen können. Wie intensiv wir es versuchen mögen – es bleibt unmöglich. Bei der Zeremonie der buddhistischen Priesterweihe wird jeder Initiand gefragt, ob er bereit sei, sich an die zehn Gebote des Priesterstands zu halten. Als ich darauf mit Ja antwortete, war ich Priester. Aber obwohl ich die Frage bejahte, ob ich die Gebote des Priesterstands einhalten wolle, und damit in diesen aufgenommen war, glaube ich nicht, dass das wirklich möglich ist. Man kann diese Regeln nicht immer alle einhalten, wiesehr man es auch versucht. Und wenn ich Hunderte Stunden in Meditation verbringe, kann ich nicht zur Erleuchtung gelangen. Jemand, dessen Wille so schwach ist wie der meine, jemand, der so große Schwierigkeiten hat, sich von weltlichen Begierden zu lösen wie ich, wird nie wirklich immer für seine Mitmenschen da sein.

SICH AUF DEN FLUSS DES UNIVERSUMS EINSTELLEN

Wiesehr wir uns auch bemühen, den Geboten eines buddhistischen Priesters zu folgen – früher oder später werden wir dagegen verstoßen, weil wir als Menschen eitel und unvollkommen sind.

Mir wurde allerdings auch klar, dass menschliche Unvollkommenheit akzeptabel ist. Auch wenn wir letztlich erfolglos bleiben müssen, können wir nach Vollkommenheit streben. Das Bemühen an sich ist edel. Auch wenn wir die Vorschriften des Lebens nie wirklich erfüllen können, ist unser Bemühen zu gehorchen, unser Gefühl, dass wir gehorchen müssen, und unsere ernsthafte Selbstkritik und Selbstbeherrschung, wenn es uns nicht gelingt zu gehorchen, das, was zählt. Religiöse Übungen haben mich zu dem Glauben gebracht, dass man, auch wenn man nicht zur Erleuchtung gelangt, dennoch seine Seele verfeinern und Erlösung erreichen kann, wenn man jeden Tag daran arbeitet, ein besserer Mensch zu werden.

Es sind nicht diejenigen, die Großes erreicht haben, sondern jene, die versuchen, Großes zu erreichen, die Gott, der Buddha und der Wille des Universums lieben. Sie helfen denjenigen, die es versuchen, aber scheitern, die über ihr Versagen nachdenken und sich entschließen, es morgen noch einmal zu versuchen. Können wir unsere Seele verfeinern, indem wir es einfach nur versuchen? Die Antwort lautet ja. Werden wir dann erlöst? Auch darauf ist die Antwort ja. Das beständige edle Bemühen, unsere Seelen zu erheben, bildet unseren Charakter. Warum? Ganz einfach, weil es in Übereinstimmung mit der Gnade des Buddhas und dem Willen des Universums ist, beständig daran zu arbeiten, ein besserer Mensch zu werden.

KAPITEL 5

Die Schönheit des wahren Ich

Ich stelle mir den Geist aus vielen konzentrischen Schichten aufgebaut vor, die, von außen nach innen, aufeinander folgen:

1. Intellekt: Wissen und Logik, wie sie nach der Geburt erworben werden.
2. Gefühl: jener Teil des Geistes, der die psychischen Wirkungen der fünf Sinne, unserer Emotionen und so weiter kontrolliert.
3. Instinkt: die Begierden und Triebe, die den physischen Körper erhalten.
4. Seele: das wahre Ich, in weltliche Erlebnisse und Karma gehüllt.
5. Wahres Ich: der Kern, der sich im Zentrum befindet und von Wahrheit, Güte und Schönheit erfüllt ist.

Der Kern des Bewusstseins ist das wahre Ich, und es ist im Geist von der Seele umgeben. Bei der Geburt werden das wahre Ich und die Seele von einer Schicht Instinkt umhüllt. Ein neugeborenes Baby, das die Milch der Mutter sucht, tut das zum Beispiel instinktiv und benutzt die äußerste Schicht seines Geistes. Wenn das Baby wächst, entwickelt sein Geist eine Schicht Gefühl um den Instinkt und später den Intellekt. Mit anderen Worten: Wenn ein Mensch reift, werden zusätzliche Aspekte des Geistes Schicht um Schicht dem wahren Ich in der Mitte hinzugefügt.

Wenn wir altern, werden die Schichten unseres Geistes von außen nach innen sukzessive entfernt. Wenn der Altersschwachsinn einsetzt, schwinden die Kräfte des Intellekts und der Vernunft, sodass wie beim Kind wieder Emotionen zur führenden Schicht des Geistes werden. Als Nächstes stumpfen die Emotionen und Empfindungen ab, und unser Instinkt kommt an die Oberfläche und schwindet ebenfalls, wenn wir uns immer weiter dem Tod nähern.

Die wichtigsten Schichten unseres Geistes sind diejenigen, die sein Zentrum bilden: das wahre Ich und die Seele. Das wahre Ich ist der Kern unserer Existenz, unser wahres Bewusstsein. Im Buddhismus heißt das wahre Ich *chie* oder die ewige Wahrheit des Universums, und wenn wir *chie* erreichen, wenn wir Erleuchtung erzielen, verstehen wir alle Wahrheiten, die das Universum durchdringen. *Chie* ist mit anderen Worten eine Projektion des Wunsches des Buddhas oder Gottes; es ist die Manifestation des Willens des Universums.

Der Buddhismus lehrt, dass das Wesen des Buddhas allen Dingen innewohnt. Das wahre Ich eines Menschen ist die Buddhanatur, die Weisheit des Universums, die Essenz alles Seienden, die Wahrheit der Schöpfung. Und weil es die Buddhanatur ist, ist das wahre Ich unvergleichlich schön. Es fließt über von den Tugenden der Liebe, Ernsthaftigkeit, Harmonie, Wahrheit, Güte und Schönheit. Weil diese Tugenden den Kern des Geistes, des wahren Ichs bilden, sind sie natürlich begehrenswert für den Menschen, und daher können wir nicht anders, als nach ihnen zu verlangen.

KAPITEL 5

Wenn das Schicksal zuschlägt, freue man sich, denn das Karma ist ausgelöscht

Das wahre Ich ist von der Seele umhüllt. Wenn wir uns das wahre Ich als das reine »nackte« Ich vorstellen, dann ist die Seele seine Bekleidung, die aus den Begierden und Taten gewoben ist, aus allem in unserem Bewusstsein und all unseren Erlebnissen, aus allem, was uns je etwas bedeutet hat, und allem, was wir je in dieser Welt vollbracht haben. Mit anderen Worten – die Seele beinhaltet alle guten und schlechten Gedanken, alle guten und schlechten Taten, die wir in unserem Leben angesammelt haben: unser Karma. Das wahre Ich ist uns zwar allen gemeinsam, aber die Zusammensetzung der Seele ist bei jedem Menschen anders.

In meiner Heimatstadt Kagoshima hieß es oft, »Du hast eine schlechte Seele«, wenn jemand sich immer beklagte oder einen schwachen Willen hatte, und ich weiß noch, wie meine Mutter das zu mir sagte, als ich klein war. Wahrscheinlich warf sie mir vor, eine schlechte Seele zu haben, weil sie sah, dass ich durch schlechtes Karma ein wenig verschlagen oder unrein war.

Aber was ist Karma, das wie Staub an der Seele klebt? Tansetsu Nishikata, jener alte Priester, der meine Ausbildung zum Priester betreute, lehrte mich vor über 20 Jahren eine tiefsinnige Lektion über das Karma. Damals war Kyocera stark in die Kritik geraten, weil das Unternehmen ein feinkeramisches künstliches Kniegelenk hergestellt und verkauft hatte, bevor es amtlich genehmigt war. Die Vorwürfe gegen Kyocera kamen mir ziemlich ungerecht vor. Schließlich hatte Kyocera das künstliche Kniegelenk mit einer Technologie entworfen, die bei einem künstlichen Hüftgelenk bereits amtlich genehmigt war. Außerdem hatten wir dieses neue medizinische Produkt auf dringendes Bitten vieler Ärzte hergestellt. Dennoch versuchte ich nicht, mich zu verteidigen, sondern entschloss mich, mein Pech zu akzeptieren.

Als ich Tansetsu besuchte, erwähnte ich: »Dieses Problem ist eine große Belastung für mich.«

Tansetsu hatte über Kyoceras Probleme in der Zeitung gelesen, und ich erwartete eine mitfühlende Antwort von ihm. Stattdessen sagte er: »Das ist sicher schwer, aber man kann nichts dagegen tun. Leben bedeutet immer Leiden. Wenn man auf Probleme stößt, soll man nicht traurig sein. Man soll sich freuen. Durch das Leiden wird das Karma, das an der Seele haftet, ausgelöscht. Herr Inamori, Sie sollten feiern. Schwierigkeiten wie diejenigen, denen Sie jetzt gegenüberstehen, genügen, um Ihr gesamtes Karma auszulöschen.«

Tansetsus Worte waren eine große Erleichterung für mich. Er gab mir genau das, was ich brauchte: eine Lektion, die mich viel mehr beruhigte, als jedes Trostwort es gekonnt hätte. Tansetsus weiser Rat lehrte mich die Bedeutung des Lebens und zeigte mir eine große, tiefreichende Wahrheit über das Wesen des Karmas.

Anstatt Erleuchtung zu suchen, setzt man Vernunft und Bewusstsein ein, um den Geist zu verfeinern

Manchen Menschen fällt es schwer, an die Existenz der Seele zu glauben, aber dies ist die einzige mögliche Erklärung für einige Erlebnisse, die ich wie auch andere hatten. Wenn es keine Seele gibt, wie soll man dann zum Beispiel Nahtoderfahrungen erklären, bei denen ein Mensch, der an einer Krankheit oder einem Unfall scheinbar stirbt, sich über seinem Körper schwebend wie-

KAPITEL 5

derfindet oder einen Blick in eine andere, geheimnisvolle Welt erhascht und dann ins Leben zurückkehrt? Einem meiner Freunde ist genau das passiert.

Er war mit einem Herzinfarkt zusammengebrochen und wurde so schnell wie möglich ins Krankenhaus gebracht. Sein Herz hatte schon aufgehört zu schlagen, aber die Notärzte holten ihn schließlich wieder ins Leben zurück. Später erzählte er mir, als er zwischen Leben und Tod geschwebt habe, sei er durch ein Blumenfeld gegangen, und aus irgendeinem Grund sei ich auf ihn zugekommen. Ich hätte mich ihm in diesem Feld genähert und ihn gefragt, was er dort wolle, und da sei er plötzlich zu sich gekommen und habe sich im Bett liegend wiedergefunden.

Die Nahtoderfahrung meines Freundes verdeutlichte mir die Tatsache, dass Körper und Seele getrennte Wesenheiten sind. Seine Beschreibung der Welt, die er sah, während sein Körper im Sterben lag, war lebhaft und intensiv, und er befand sich so vollständig in dieser anderen Welt, dass er sich an jede Einzelheit des Erlebnisses erinnerte. Ich begriff das Erlebnis meines Freundes so, dass unsere Seelen sich an einem anderen »Ort« als unsere Körper befinden.

Nach der buddhistischen Vorstellung der Seelenwanderung trägt die Seele, wenn man in diese Welt hineingeboren wird, das Karma mit sich, das man in vorangegangenen Leben angesammelt hat, und bis zum Tod fügt man dem ewigen Lagerhaus des Karmas noch die eigenen Erlebnisse aus diesem Leben hinzu. Verborgen unter vielen Schichten Karma liegt das wahre Ich, unsere ewige Seele, die die reine, schöne Buddhanatur hat. Wenn wir zur Verkörperung unseres wahren Ich werden könnten, wären wir buddhagleich, reinen Herzens und mit reinen Gedanken, fähig nur zu guten Taten. Es sind unsere karmaverhüllten Seelen, unsere begierdenerfüllten Instinkte und so weiter, die das wahre Ich verschleiern und seine Manifestation verhindern.

Mit Praktiken wie Zazen und Yoga können wir uns die Verfeinerung unseres Geistes erleichtern. Sie wirken von außen nach innen, so wie man eine Linse poliert, und entfernen ein Hindernis nach dem anderen, reiben den Intellekt bis auf die Schicht des Empfindens ab, polieren die Empfindungen und Emotionen bis auf den Instinkt hinunter und polieren immer weiter, bis das wahre Ich zum Vorschein kommt. Wenn wir daran arbeiten, unseren Geist gründlich zu verfeinern, betreiben wir religiöse Übungen. Wir erreichen den Zustand der Erleuchtung nur, wenn wir alle Schlacke so lange wegpoliert haben, bis nur noch das wahre Ich bleibt.

Wenn wir Erleuchtung erreichen, verstehen wir alle Wahrheiten und gewinnen das *chie* des Buddhas. Wer erleuchtet ist, ist nicht länger Gefangener seiner Instinkte oder Sinne und ist fähig, sich ganz dem Dienst am Mitmenschen und der Gesellschaft zu widmen. Aber für gewöhnliche Menschen ist es unmöglich, den Zustand der Erleuchtung zu erreichen. Was sollen wir also tun?

Ich glaube, gewöhnliche Menschen müssen sich bemühen, ihre Instinkte und Empfindungen mit Intelligenz und Bewusstsein zu unterdrücken und zu beherrschen. Wir müssen auf unsere Intelligenz und unser Bewusstsein hören, weil beide dem wahren Ich und der Seele entspringen und unserem Geist unerschütterliche ethische und moralische Richtlinien einprägen. Wir müssen in unserem Geist einen Geist entschlossenen Dienstes am Mitmenschen einprägen und Zufriedenheit erreichen, die Tugend, durch die wir Freiheit von Gier und weltlichen Begierden erlangen.

Wenn wir durch das Leben gehen und »gute Erlebnisse« ansammeln, können wir unseren Geist verfeinern und näher an die Erleuchtung herankommen, indem wir lernen, unsere Empfindungen und Instinkte mit unserer Intelligenz und unserem Bewusstsein zu beherrschen. Wenn wir auf diese Weise unsere Seele erheben, gelangen wir weiter in die nächste Welt.

Selbst das kleinste Ding spielt eine Rolle

Was ist das Wesen des Menschen? Warum werden wir geboren? Diese Fragen müssen wir uns stellen, solange wir leben. Toshihiko Izutsu (1914–1993), Islamwissenschaftler und Spezialist für Geschichte der fernöstlichen Philosophie, schreibt, was es seiner Meinung nach bedeutet, ein Mensch zu sein.

Wenn wir meditieren, um das Wesen des Menschen zu verstehen, nähern wir uns einem Bewusstseinszustand, der exquisit, rein und unendlich transparent ist. Die Wahrnehmung unserer Existenz wird geschärft, während gleichzeitig die Wahrnehmung der Sinneseindrücke verschwindet. Während wir immer tiefer in die Meditation sinken, erreichen wir einen Bewusstseinszustand, der nur als Sein beschrieben werden kann. In diesem Zustand wird uns klar, dass alle Schöpfung aus etwas zusammengesetzt ist, das nur als Sein beschrieben werden kann. Diesen Wahrnehmungszustand zu erreichen, stellt das Wesen des Menschen dar.

Der Leiter der Agency for Cultural Affairs, ein Psychologe namens Hayao Kawai (1928–2007), sagte einmal scherzhaft, Izutsus Erklärung des Wesens des Seins dränge ihn zu sagen: »Du

Blume dort, ich sehe, du spielst die Rolle einer Blume. Mein Wesen spielt die Rolle Hayao Kawais.« Wenn man eine Blume sieht, denkt man gewöhnlich, »Da ist eine Blume«, aber Kawai sagte stattdessen, »Dieses Wesen hier *spielt* eine Blume«.

Wenn wir alle Eigenschaften entfernen, die ein Lebewesen ausmachen – Körper, Geist, Wahrnehmung und die Sinne –, bleibt nur ein Wesen übrig, das man nun als Sein bezeichnen kann. Das Kernwesen des Seins ist allen Geschöpfen gemeinsam und wohnt nicht nur im Menschen, sondern in allen Lebewesen. Manchmal nimmt das Sein die Form einer Blume an, ein anderes Mal die eines Menschen. Mit anderen Worten – der Mensch namens Kazuo Inamori existiert nicht von Anfang, sondern ist nur die physische Form eines Wesens, das meinen Körper angenommen hat. Ebenso hätte nicht ich der Gründer Kyoceras oder KDDIs sein müssen. Ich spiele nur zufällig gerade diese beiden Rollen, die der Himmel mir zugedacht hat.

Der Himmel gibt jedem Menschen eine Rolle zu spielen, und jeder Mensch verbringt sein Leben damit, diese spezielle Rolle zu spielen. In diesem Sinne hat die Existenz jedes Menschen denselben Wert oder dasselbe Gewicht. Wie ich in Kapitel 2 erklärt habe, hat alles Existierende, vom Menschen und den Lebewesen bis zu jedem Baum, Grashalm oder sogar Kiesel auf der Straße, vom Schöpfer seine Arbeit zugedacht bekommen. Alle existieren im Einklang mit dem Willen des Universums.

Das Universum wird vom Gesetz der Energieerhaltung beherrscht, das besagt, dass die Gesamtmenge der Energie stets gleich bleibt, die Energie dabei aber von einer Form in eine andere übergehen kann. Wenn man zum Beispiel einen Baum fällt, ihn zu Brennholz zerhackt und dieses verbrennt, wird die ursprüngliche Energie des Baums in thermische Energie und Rauch umgewandelt. Die Gesamtsumme der Energie des Baums hat sich nicht verändert, sondern nur ihre Form. Wenn wir dem Gesetz der Energieerhaltung glauben können, ist selbst der kleinste Kieselstein im Universum unverzichtbar. Alles, wie klein auch immer, ist wesentlich für das Bestehen des Universums.

Dem Ideal nachzueifern führt in eine strahlende Zukunft
Alles Existierende ist Teil eines ungeheuren lebendigen Wesens – des Universums. Kein Geschöpf, keine Pflanze, kein Kiesel ist zufällig entstanden. Jedes einzelne Materieteilchen, ob organisch oder anorganisch, existiert, weil es unentbehrlich für das Fortbestehen des Universums ist.

Ich glaube, dass die Menschheit geschaffen wurde, um eine größere Aufgabe als alle anderen Lebewesen zu erfüllen. Der Mensch wurde mit Verstand und Vernunft in diese Welt gesetzt, mit einem Geist und einer Seele, die von Liebe und Mitgefühl erfüllt sind. Das Universum hat dem Menschen die äußerst wichtige Verantwortung übertragen, die Schöpfung zu beherrschen, und wir sind daher verpflichtet, sowohl unsere einzigartige universelle Rolle zu erkennen, als auch uns lebenslang fleißig zu bemühen, unsere Seele zu verfeinern. Wir müssen allzeit fleißig sein, damit unsere Seelen um vieles schöner werden als bei unserer Geburt. Die Verschönerung und Verfeinerung der Seele ist schließlich einer der Gründe unserer Existenz in dieser Welt.

Unser Leben wird von seinem wahren Sinn erfüllt, wenn wir bei den alltäglichen Verrichtungen unser Bestes geben – wenn wir hart arbeiten, dankbar sind, gute Gedanken hegen, das Richtige tun, Selbstkritik und Selbstbeherrschung üben, im Alltag unseren Geist verfeinern und unseren Charakter erheben. Der Mensch sollte unbedingt stets mit diesem Geist des Fleißes an das Leben herangehen. Im Chaos der heutigen Welt mühen sich die Menschen ab, ihren Weg durch dunkle Nacht zu finden, aber ich kann nicht anders, als eine strahlende Zukunft voller Hoffnung vor mir zu sehen. Es verlangt mich von ganzem Herzen nach der Verwirklichung einer Welt, in der jeder Mensch fruchtbringend, glücklich und erfüllt lebt, und ich bin überzeugt, dass wir eine solche Existenz führen können.

Wenn man die Lebensweise praktiziert, die ich im vorliegenden Buch erkläre, kann jeder Mensch, jede Familie, jedes Unternehmen und jede Nation in einer positiven Richtung fortschreiten und großartige Ergebnisse erzielen. Ein besseres Morgen wird anbrechen, wenn jeder Einzelne die edle Aufgabe begreift, die ihm anvertraut ist, und sich bemüht, so zu leben, wie es ihm als Menschen angemessen ist. Ich bin überzeugt, dass diese Lebensweise uns allen eine strahlende Morgendämmerung bescheren wird.

NACHWORT

Der Titel dieses Buches, *Der Kompass für das Leben*, bezieht sich nicht nur auf das Leben des Einzelnen, sondern auch auf das von Unternehmen, Nationen, Zivilisationen und der gesamten Menschheit. Alle diese Wesenheiten sind Zusammenschlüsse einzelner Menschen und müssen daher ebenfalls dem idealen Lebensweg nachfolgen.

In meiner Jugend, als ich mich bemühte, trotz aller Rückschläge ein besserer Mensch zu werden, wie auch später in meiner Zeit als Manager, als ich versuchte, die Prinzipien zu erkennen, die zu Erfolg und Wohlstand verhelfen, und auch jetzt, da ich nicht mehr an vorderster Front der Geschäftsleitung stehe und mich der religiösen Kontemplation widme, um dem Sinn des Lebens näher zu kommen – stets bin ich dem Leben ehrlich gegenübergetreten und habe mir allmählich eine eigene Lebensweise aufgebaut. Im vorliegenden Buch habe ich mein Bestes getan, um diese Lebensweise so gut wie möglich zu erklären.

Wenn ich es jetzt abschließe, bin ich erfüllt von Zufriedenheit, vielleicht, weil *Der Kompass für das Leben* mir die Gelegenheit gegeben hat, meine Gedanken vollständig und im Zusammenhang darzustellen. Ich hoffe inständig, dass mein Buch jenen, die in einer chaotischen Welt ernsthaft nach Orientierung für ihren Lebensweg suchen, als Kompass dienen möge.

NACHWORT

Zu guter Letzt möchte ich es nicht versäumen, dem Vorsitzenden von Sunmark Publishing Inc., Nobutaka Ueki, und meinem Redakteur Ryuya Saito meinen Dank für ihre unermüdlichen Bemühungen auszusprechen, um die Veröffentlichung zu ermöglichen. Weiter möchte ich Yoshihita Ota, dem General Manager des Kyocera Corporate Office of the Chief Executives, sowie Masashi Kasuya aus der Management-Forschungsabteilung von Kyocera für ihre unschätzbare Unterstützung danken, ebenso wie zahlreichen anderen Beteiligten, ohne die dieses Buch nicht erschienen wäre.

ÜBER DEN AUTOR

Dr. Kazuo Inamori ist ein international anerkannter Management-Experte und erfolgreicher Unternehmer. Sein Unternehmen Kyocera ist ein weltweit führender Anbieter von Hightech- und Elektronikprodukten. Der japanische Philanthrop gründete eine Stiftung und die sogenannten Kyoto-Preise, renommierte Auszeichnungen für diejenigen, die herausragende Beiträge zum Fortschritt der Gesellschaft leisten.

Wie ein kleiner Schritt Ihr Leben verändert

Robert Maurer

Das eigene Leben ins Positive verwandeln – diese Idee treibt viele um. Sie scheitert jedoch oft schon zu Beginn am allerersten Schritt. Zu groß sind die inneren Blockaden.

Dieses Buch zeigt, wie Sie die Idee dennoch verwirklichen können: Mithilfe von Kaizen – und kleinen Schritten. Denn diese umgehen die eingebauten Resistenzen Ihres Gehirns gegen neue Verhaltensweisen. Getreu dieser wissenschaftlichen Erkenntnis gibt es eine Möglichkeit, das eigene Leben ohne Angst oder Misserfolg zu verändern und einen neuen Weg der einfachen, kontinuierlichen Verbesserung einzuschlagen.

Dieser kleine, aber ungeheuer wirkungsvolle Leitfaden zeigt, dass selbst größte Veränderungen durch kleine Schritte bewerkstelligt werden können.

272 Seiten | Softcover | 11,99 € (D) | 12,40 € (A) | ISBN 978-3-95972-273-5

In der Stille liegt dein Weg

Ryan Holiday

Im Laufe der Geschichte hatten große Anführer, Denker, Künstler und Visionäre die Eigenschaft, Launen zu überwinden, Ablenkungen zu vermeiden und das Richtige zu tun. Die Zen-Buddhisten beschrieben es als inneren Frieden und wussten, dass es wichtig war, ob man ein Samurai-Krieger oder ein Mönch ist. Die Stoiker und Epikureer nannten es Ataraxie und glaubten, dass es ein Bollwerk gegen die Leidenschaften des Mobs, eine Voraussetzung für gute Führung und ein Weg zur tiefen Wahrheit sei. Ryan Holiday nennt es Stille – stabil sein, während sich die Welt um einen dreht.

In diesem Buch skizziert er einen Weg zu dieser zeitlosen, aber dringend notwendigen Lebensweise. Ausgehend von den größten Denkern der Geschichte, von Konfuzius bis Seneca, von Mark Aurel bis Thích Nhât Hahn, von John Stuart Mill bis Nietzsche, zeigt er, dass Stille nicht nur Untätigkeit ist, sondern das Tor zur Selbstbeherrschung, Disziplin und Konzentration.

256 Seiten | Hardcover | 19,99 € (D) | 20,60 € (A) | ISBN 978-3-95972-254-4

Dein Ego ist dein Feind

Ryan Holiday

Viele Menschen glauben, dass die Gründe, die sie daran hindern, erfolgreich zu sein, in ihrer Umwelt zu finden sind. Aber in Wirklichkeit steckt der größte Feind in jedem von uns selbst: unser Ego. Es macht uns blind für unsere Fehler, verhindert, dass wir aus ihnen lernen, und hemmt unsere Entwicklung. Gerade in Zeiten, in denen die schamlose Selbstdarstellung in sozialen Netzwerken oder im Reality-TV eine Selbstverständlichkeit ist, liegt die wahre Herausforderung in der Idee, weniger Zeit in das Erzählen der eigenen Größe zu stecken und stattdessen die wirklich wichtigen Missionen des Lebens zu meistern. Mit einer Fülle an Beispielen aus Literatur, Philosophie und Geschichte zeigt Ryan Holiday eindrucksvoll und praxisnah, wie die Überwindung des eigenen Egos zum unnachahmlichen Erfolg verhilft.

228 Seiten | Hardcover | 19,99 € (D) | ISBN 978-3-95972-032-8

Dein Hindernis ist Dein Weg

Ryan Holiday

Tagtäglich werden wir mit Problemen konfrontiert. Dabei haben wir stets die Wahl: Wir können uns von den Hürden auf unserem Weg aufhalten lassen oder wir zeigen, aus welchem Holz wir geschnitzt sind, und nehmen die Herausforderung an. Ryan Holiday – mehrfacher Bestsellerautor – zeigt, wie das jahrhundertealte Wissen der Stoiker gerade für unsere hektische und unsichere Zeit ein Segen sein kann. In viele kleine Lektionen verpackt, enthüllt er, wie große Geister wie Edison, Roosevelt aber auch Steve Jobs oder Barack Obama Weisheit, Mut, Selbstbeherrschung und Gelassenheit erlernt haben, um in der zunehmenden Komplexität unserer Welt nicht nur zu bestehen, sondern Großartiges zu leisten. Und er zeigt, wie sich dieses Wissen von jedem im eigenen Leben anwenden lässt.

224 Seiten | Softcover | 16,99 € (D) | ISBN 978-3-95972-157-8

Der tägliche Stoiker

Ryan Holiday | Stephen Hanselman

Wie findet man das wahre Glück? Wie lässt sich Erfolg wirklich bemessen? Und wie geht man mit den Herausforderungen des Alltags wie Wut, Trauer und der Frage nach dem Sinn des Ganzen um? New York Times-Bestsellerautor Ryan Holiday und Stephen Hanselman haben das Wissen der Stoiker in 366 zeitlose Lektionen verpackt und zeigen, dass die Philosophie des Stoizismus nicht nur zeitlos, sondern gerade für unsere hektische und unsichere Zeit ein Segen ist. Weisheit, Mut, Gerechtigkeitssinn und Selbstbeherrschung sowie Gelassenheit lassen sich erlernen und helfen uns, in der zunehmenden Komplexität unserer Welt zu bestehen. Die uralten Weisheiten der Stoiker, gesammelt und kommentiert, unterstützen bei diesen alltäglichen Herausforderungen.

432 Seiten | Hardcover | 24,99 € (D) | ISBN 978-3-95972-045-8

Cicero: Über die Kunst, gut alt zu werden

Philip Freeman

Bedeutet Altern wirklich den Verlust körperlicher und geistiger Beweglichkeit? Der große Redner und Politiker Cicero sagt: Nein und führt aus, wie im Gegenteil die zweite Lebenshälfte zur besten Zeit überhaupt werden kann, und welche Vorteile alte gegenüber jungen Menschen haben. Voller zeitloser Weisheit und praktischer Ratschläge, hat seine Schrift (entstanden 44 v.Chr.) die Leser seit mehr als zweitausend Jahren inspiriert. Hier liegt sie nun im Original und mit einer neuen Übersetzung sowie einer informativen Einleitung vor.

208 Seiten | Hardcover | 14,99 € (D) | ISBN 978-3-95972-189-9

Cicero: Über die Kunst der überzeugenden Argumentation

James M. May

Immer wieder gilt es beruflich und privat andere zu überzeugen. Da hilft es, die grundlegenden Techniken der Rede, die Rhetorik, zu beherrschen. Und was könnte da lehrreicher sein als die Werke des wohl größten Redners der Antike, Cicero?

In diesem Band sind die besten Beispiele seiner Redekunst zusammengetragen. Neben der Übersetzung der lateinischen Originaltexte enthält das Buch informative Einführungen, eine Kurzbiografie Ciceros, ein Glossar sowie im Anhang die lateinischen Originaltexte.

336 Seiten | Hardcover | 14,99 € (D) | ISBN 978-3-95972-190-5

Seneca: Über die Kunst des Sterbens

James S. Romm

»Es braucht ein ganzes Leben, um zu lernen, wie man stirbt«, schrieb der römische Philosoph Seneca (ca. 4 v. Chr. – 65 n. Chr.). Er, der schließlich seinem eigenen Leben auf Befehl Neros gefasst ein Ende setzte, musste es wissen. Er riet seinen Lesern, den Tod unentwegt zu studieren und befolgte seinen eigenen Rat, indem er in all seinen Schriften darauf zurückkam. Dieser Band fasst nun zum ersten Mal diese Reflexionen Senecas zusammen. Zudem enthält es eine informative Einführung, hilfreiche Anmerkungen, den lateinischen Originaltext sowie einen Epilog, der Tacitus' Beschreibung von Senecas dramatischem Selbstmord enthält.

224 Seiten | Hardcover | 14,99 € (D) | ISBN 978-3-95972-188-2

Wenn Sie **Interesse** an **unseren Büchern** haben,

z. B. als Geschenk für Ihre Kundenbindungsprojekte, fordern Sie unsere attraktiven Sonderkonditionen an.

Weitere Informationen erhalten Sie bei unserem Vertriebsteam unter +49 89 651285-154

oder schreiben Sie uns per E-Mail an:

vertrieb@finanzbuchverlag.de